大原惠子—著

楊志雄—攝影

|惠子老師の|
日本家庭料理
[100道日本家庭餐桌上的溫暖好味]

現在、以後，也一邊回想媽媽的味道，一邊繼續做自己的家庭料理。

我談到料理時，常常聽到「懷念媽媽的味道」或「太太做的菜最好吃」。小時候漫不經心吃的家庭料理，長大了以後隨著吃外食的機會愈多，愈懷念也想再吃小時候吃的料理。

結婚後，我一直在國外生活，對我來說家庭料理的原點是再也不能吃到的自己媽媽的味道。現在、以後，也一邊回想媽媽的味道，一邊繼續做自己的家庭料理。住在台北幸虧在超市看到排列著日本進口的食品或調味料，新鮮的食材也比較容易買得到，十分足夠有隨時可以做菜的環境。

日本料理可分別為和食與洋食，和食是用蔬菜、魚以及肉類等材料，以日式高湯和基本的調味料調味的傳統料理；洋食是從江戶末期到明治普及的，使用肉類、奶油等變成日本獨有方式的西洋料理。清爽口味的和食是老人或女性喜歡的味道，又濃厚又香的洋食則被小孩和年輕人喜歡，日本家庭料理的範圍很大，如今，煎餃或麻婆豆腐等中華料理也變成在日本家庭中常做的菜。

其實做菜是很辛苦的事，決定菜單、買菜、洗、切等準備，調味等流程，如果不常做或沒有習慣做的話，為了做菜花一整天的時間才能完成。然而，雖然很辛苦，但一定會有成就感，看到用餐人的表情，開心的樣子，聽到那一句「好吃」，疲倦也都會不見。

這就是我為了家人或好朋友們持續做料理的最大原因。不限於做日本料理，一步一步慢慢地開始做菜吧！

我很榮幸，此次由三友圖書的安排，接到難得的好機會，能夠出版日本家庭料理的食譜。衷心感謝三友圖書及程安琪老師的很多幫忙，鼓勵、支持我的很多朋友們以及在旁邊守護我的家人。如果這本食譜對喜歡、有興趣料理的人有幫助到一些的話，我會更幸福。

大原 惠子

今となっては母の味の記憶をたどりながら、自分なりに作り続けている毎日です。

4

料理の話をしている時によく、「おふくろの味が懐かしい」とか「妻が作った料理がいちばん美味しい」などと耳にします。子供の頃に何気なく食べていた家庭料理が、大人になって外食の機会も増えて懐かしく思い、また食べたくなるのです。

　結婚以来、海外での生活を続けている私にとっても、家庭料理の原点は二度と食することができなくなった「母の味」です。今となっては、母の味の記憶をたどりながら自分なりに作り続けている毎日です。

　幸い、台湾のスーパーマーケットやデパートの食品売り場には、日本から輸入された食品や調味料がたくさんならび、新鮮な食材も比較的手に入りやすく、いつでも自分で料理ができるのです。

　日本料理は和食と洋食に分けられます。和食は野菜や魚、肉などの材料をだしと基本の調味料で料理した伝統的な料理で、洋食は江戸時代末期から明治にかけて広まった肉類、バター等を使った西洋料理を日本独自にアレンジされたものです。さっぱりとした和食は年配の方々や女性に好まれ、味がはっきりとしこってりした洋食は子供や若者に人気があるようです。日本の家庭料理の範囲は広く、今では焼き餃子や麻婆豆腐などの中華料理も日本の家庭料理の定番となり、人気のある料理となっています。

5

　自分で料理を作ることは、慣れないうちはとても大変なことです。献立から始まり、買い物、材料の下ごしらえ、調理等々。料理を作るために、まる一日の時間を費やすことさえあります。とても疲れますが、その後には必ず達成感があります。自分が作った料理を喜んで食べてくれる人たちの顔を見ていると、疲れも吹っ飛ぶでしょう。私が今まで、そしてこれからも家族や親しい人たちに料理を作り続けてゆくいちばん大きな理由はそこにあるのです。

　少しずつでも、日本料理に限らず始めてみませんか？

　このたび、三友圖書様のはからいですばらしいチャンスをいただき、日本の家庭料理のレシピ本を出版させていただくことができました。三友圖書の皆様をはじめ、程安琪先生、応援支持してくださった多くの方々に、そして私のいちばんの理解者である家族に心より感謝いたします。

　日本の家庭料理が好きな方、興味のある方にこのレシピ本が少しでもお役に立てたら幸いです。

大原　恵子

─ 目 錄 ─

· 調味料介紹 ·

料理的SA. SHI. SU. SE. SO

在日本，基本調味料的使用有さ（SA）、し（SHI）、す（SU）、せ（SE）、そ（SO）的口訣，就像學日文一樣，放入調味料的順序也從這口訣開始。不管是家庭料理還是高級的日本料理，都少不了這幾種調味料喔。

SA ：砂糖（SATOU），清酒（SAKE）

SHI ：鹽（SHIO）

SU ：醋（SU）

SE ：醬油（SEUYU／SYOYU）

SO ：味噌（MISO）

I 清酒
淋在魚類上去腥味。若加於煮物，則能添加香氣並幫助入味。

2 砂糖
甜味不易浸入食材，所以要先加入；添加後可使食材變得柔嫩。

3 鹽
可增添料理的鹹度。撒在魚類上會出水，能去腥味。

4 糯米醋
有防腐作用，能使料理不易腐壞（例如：醋飯）。適量加一點醋能提升清爽，但加太多則會太酸，須注意用量。

5 醬油
除了能加重鹹味，還有大豆的香味。

6 淡口醬油
比醬油的顏色淡，但鹽分較高。常用於沙拉醬或燉煮蔬菜，可保持食材的色彩。

7 本味醂
本味醂的酒精濃度較高，也有去腥味的作用。通常和清酒一樣是先加入的調料；若是放最後，則是用於照燒。

味噌

8 信州味噌

用於味噌湯、涼拌菜。

9 白味噌

西京味噌。常用在京料理、味噌湯、西京燒。

10 赤味噌

田樂味噌。用於味噌湯。

粉類

11 麵包粉

用於炸豬排、可樂餅等炸物的外皮；也可加入漢堡肉中，口感會更柔軟。

12 低筋麵粉

用於天婦羅、麵糊。

13 片栗粉／太白粉

用作勾芡，增加黏性。

常用
植物油

14 胡麻油

亦即香油。可作為涼拌用，也能拿來煎炒料理。

15 橄欖油

除了煎炒外，還可用作沙拉醬。

16 葵花油

煎、炒、炸都適用。

9

I7 日式黃芥末

適合與關東煮、炸豬排、
日式中華涼麵等料理搭配
品嘗。

I8 炸豬排醬

用於炸豬排及西式炸物的
沾醬。

I9 日式烏醋、20 番茄醬

西式炸物的沾醬組合。

2I 黑胡椒

在料理魚、肉類前使用，
能去腥、增加香味。

22 TABASCO辣椒醬

可搭配西式的番茄口味料
理，能增添香氣。

23 山椒粉

很適合搭配蒲燒鰻魚、炸
雞塊。

24 七味粉

七種香料混合而成。因帶
有些辣味，加進料理中可
促進食慾。

25 柚子胡椒

具有鹹、辣及柚子香味的
調味料。適合與火鍋、沙
拉作搭配。

26 黑白芝麻

可作為涼拌用，或是沾黏於煎炸物外皮，增添口感及芝麻香氣。

27 白芝麻醬

通常拿來做涼拌及沙拉醬使用。

28 越光米

日本品種的台灣種。口感帶Q，且有適當水分。

※本書所有米飯皆使用越光米。
※本書使用的食材與材料皆可在日系超市購買到。
※本書材料分量說明：1大匙=15cc
　　　　　　　　　　　1小匙=5cc

・基本用具介紹・

——【鍋具】——

 平底鍋 有分厚薄兩種。有厚度且帶有深度的平鍋也可拿來燉煮料理;較輕薄的平底鍋適合做蛋包飯,及簡單的炒菜。

〔厚〕

〔薄〕

燉鍋 適合做慢燉料理的鍋子,也可用於煮飯。須注意做魚類料理時不適合太深的鍋子。

〔煮魚用〕

雪平鍋 算是日本料理的入門鍋,可先從最小及最大的鍋子開始買起。

湯 鍋 用於煮湯。直徑23cm的湯鍋（下圖中）可煮出2000ml的日式高湯。最大的湯鍋則可煮出約3000～4000ml的日式高湯，也很適合用來煮大量的麵。

玉子燒鍋 玉子燒若材料使用高湯，用寬度較窄的玉子燒鍋比較容易成功。若是製作關東風（甜度較高）的玉子燒，也可以使用寬度較大的鍋子，就不容易失敗。

砂鍋／土鍋 中型鍋（下圖左）可拿來煮飯，大鍋可拿來煮關東煮、火鍋。

壽司木桶
飯匙
製作醋飯時使用。壽司木桶能吸收多餘的
水分，攪拌後也不容易沾黏。

 竹　簾
做捲壽司或造型玉子燒時使用。

 磨碎缽
可用於磨碎芝麻、山藥等，是製作涼拌菜
的好幫手。

 瀝油
網架
炸物瀝油用，以減輕油膩感。

細濾
網勺
炸物時，可撈取油面上多餘的碎屑，保持
炸油乾淨。

篩　網 洗米、菜後瀝水時使用。

烘焙紙 若做煮物時可當作內蓋，保持風味。亦或煎炒有腥味的食材時，可先鋪在鍋面上，再放入食材，避免腥味殘留在鍋內。

錫箔紙 可用於保溫，或作為臨時的鍋蓋。

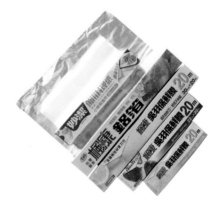

保鮮膜 用來保存食材新鮮。

日式高湯

材料

乾昆布 2片
柴魚 50～70g
水 3000ml

作法

1 取一鍋，倒入水、放乾昆布，靜置30～60分鐘，待昆布泡開。

2 開小火，待有小氣泡冒出時轉中大火，水快滾時（昆布邊緣冒泡泡），將昆布拿出，繼續煮至大滾，關火。

3 湯面直接鋪上柴魚，靜待約20分鐘，使柴魚自然沉入鍋底。

4 最後過濾，高湯可直接拿來料理或者保存使用。

Tips
· 若想做出剛好3000ml的日式高湯，水的分量需再多加約10%，以補足蒸發的水分。
· 當天沒有用完的高湯，放冰箱約可保存2～3天。

海帶芽豆腐味噌湯

 材料

 作法

海帶芽 適量
豆腐 150g
日式高湯 400ml
信州味噌 1大匙

1 海帶芽泡開，備用。豆腐切丁，備用。

2 日式高湯、豆腐丁入鍋，以中大火煮至
滾，加信州味噌，慢慢使之溶解，待再
次煮開，加海帶芽，關火。

 **使用
信州味噌**

→ 所有的味噌湯在製作時，最後若發現鹹度不夠，可再適量加。

→ 也可將配料改成洋蔥絲、白蘿蔔絲、油豆皮絲或馬鈴薯、高麗菜、鴻喜菇等。

年糕味噌湯

 材料

紅、白蘿蔔 適量（約3cm）
年糕 1塊
水 400ml
昆布 5cm
白味噌 1大匙
山芹菜 少許

作法

1 紅、白蘿蔔切丁（1cm），水煮10分鐘，備用。年糕切丁（1cm），備用。

2 昆布放入水，浸泡20～30分鐘；再加蘿蔔丁、年糕丁，以中大火煮至滾，加白味噌，慢慢使之溶解，待再次煮開，即可關火。

3 盛湯後搭配山芹菜享用。

 使用白味噌 → 加入蓮藕、牛蒡、馬鈴薯等根莖類蔬菜也很美味。冬天時，也很適合加入大白菜。

海瓜子味噌湯

 材料

水 300ml
海瓜子 12顆
赤味噌 1大匙

 作法

1 水、海瓜子倒鍋內,以中大火煮至滾。

2 煮滾後轉小火,加赤味噌,慢慢使之溶解,待再次煮開,即可關火。

 使用赤味噌

→ 所有的味噌湯在製作時,最後若發現鹹度不夠,可再適量加。

→ 貝類較適合用赤味噌,也可將配料改成蜆、海帶芽、豆腐、金針菇等食材。

炸物小知識Q&A

Q 處理油炸好像很可怕，常常會被油噴到，該如何避免呢？

A 炸物時，若擔心被油噴到，可以從離油面近的鍋邊滑入食材。

Q 要如何確認油溫呢？

A 待鍋內已有些許小氣泡時，可丟入一點麵包粉確認油溫，若麵包粉發出「滋」聲且馬上浮起，即代表已達適當油溫；若麵包粉沉入鍋內，即表示油溫尚不足。

Q 如果不想浪費太多炸油，可以怎麼做？

A 減少炸油的用量。油的分量只要使用約超過食材（例：1片豬排的高度約2～3cm）即可，以平底鍋為例，高度約1/3。

A 可於同天重複使用，從蔬菜→肉類→海鮮類的順序開始油炸。

Q 為什麼有些食材油炸時容易破碎或散開，應該怎麼避免？

A 食材放入油鍋時，需至少等待1分鐘才可移動，尤其質地柔軟的食材，更需避免翻攪以免散開。

Q 有沒有讓炸物更酥脆的祕訣呢？

A 將麵糊材料事先冷藏，使用前再取出，能讓炸物變得更脆。

Chapter 1

春

01

鮭魚南蠻漬・白蘿蔔油豆腐煮物・筍飯

鮭魚南蠻漬

酸酸甜甜的滋味很開胃呢！

26

材料

❶ 鮭魚 400g
❷ 低筋麵粉 適量
❸ 紅黃甜椒（切絲）各½個
沙拉油（炸物用） 適量

【 醃汁 】

❹ 糯米醋 100ml
❺ 日式高湯 200ml
❻ 鹽 少許
❼ 細砂糖、淡口醬油 各1大匙

2

3

4-1

4-2

5

作法

1 將醃汁的材料全部倒入鍋內，以中大火煮開後，倒入容器中
   備用。

2 鮭魚切片，兩面沾低筋麵粉，備用。

3 取一鍋，倒沙拉油適量，待油溫適當後，放入紅黃椒稍微炸
   一下，撈起瀝油，備用。

4 作法2的鮭魚放入油鍋內，1分鐘後才可翻面，炸至油鍋內泡
   泡變少、食材邊緣呈脆黃色即可撈起瀝油。

5 將炸好的鮭魚放入作法1的醃汁，最後放上紅黃椒，醃30分
   鐘～1小時即可。

白蘿蔔油豆腐煮物

這道料理無論冬夏都很合適，夏天時搭配生薑絲，冬天時可與柚子皮一同品嘗。

材料

白蘿蔔 1條
油豆腐（大）2張
生薑絲或柚子皮 少許

【煮汁】
日式高湯 400ml
淡口醬油、味醂 各50ml
細砂糖 1½大匙

作法

1 白蘿蔔削皮切塊；油豆腐先淋熱水去油，切一口大小，備用。

2 取一鍋，加入日式高湯、白蘿蔔，用大火煮到滾，煮滾後轉小火，續煮15分鐘。

3 放入淡口醬油、味醂、細砂糖、油豆腐，再續煮15分鐘，關火。

Tips · 關火後浸泡 30 分鐘以上，再加熱品嘗，可使蘿蔔更入味。

筍飯

把春天的竹筍加入飯裡，
有種溫柔的美味。

材料

米 2杯
綠竹筍 250g（2個）
油豆皮（大）1片
清酒 1大匙
淡口醬油 2大匙
味醂 1大匙
日式高湯 適量（若是用砂
鍋煮飯則360ml）

作法

1 煮前1小時先將米洗淨，泡水10分鐘，
瀝水備用。

2 綠竹筍剝殼後，表面粗澀的部分以刀子
削除，用洗米水煮30分鐘後放涼，切
片備用。油豆皮切末，備用。

3 電子鍋內放入米、清酒、淡口醬油、
味醂，再倒入日式高湯至電子鍋2杯米
的刻度，攪拌均勻後鋪上綠竹筍、油
豆皮，開始烹煮。

4 煮好後拌勻享用。

02

可樂餅・昆布芽沙拉・海瓜子飯

可樂餅

做出與市面販售不同、專屬於自己家庭的味道，
好吃到一次可以吃掉一兩個。

相傳可樂餅起源自法國的家庭料理——
炸肉餅（croquette），
其日文發音也是來自法文。
可樂餅從明治時期傳入日本並經過改良，
逐漸成為日本洋食的代表之一，
與豬排、咖哩並列為日本的三大洋食。

材料

1	馬鈴薯 約1kg
2	牛細絞肉 200g
3	洋蔥切末 ½個
4	醬油、細砂糖 各3大匙
5	無鹽奶油 1大匙
6	低筋麵粉 適量
7	全蛋 1～2個
8	麵包粉 適量

沙拉油（炒料用） ½大匙
沙拉油（炸物用） 適量
日式烏醋 適量

作法

1 馬鈴薯以大火水煮，煮滾後轉小火，續煮45分鐘至1小時。

2 取一平底鍋，開中大火熱油，放進洋蔥拌炒至透明後加牛細絞肉，呈半熟狀態時再加醬油、細砂糖，待絞肉全熟變色後放入奶油，拌炒至奶油融化即可盛盤，備用。

3 作法1煮好的馬鈴薯趁熱去皮，壓碎。拌入作法2炒好的絞肉，記得湯汁不要一次全部倒入，可慢慢加入調整鹹淡。

4 雙手沾濕，取攪拌好的馬鈴薯泥約60g，整成橢圓球狀，做成可樂餅。

5 將可樂餅依序沾取低筋麵粉、蛋液後，輕輕把麵包粉鋪上；其餘可樂餅依上述動作完成。

6 熱油鍋，待油溫適當後，輕輕放入可樂餅，1分鐘後才可移動換面油炸，炸至表面顏色金黃即可撈起瀝油。

7 盛盤後，搭配日式烏醋享用。

 Tips
· 作法3去馬鈴薯皮時，會有些許馬鈴薯黏在皮上，此部分味道甘甜，可小心剝下，不要浪費。
· 因蛋液不太容易裹上表面，可多轉幾次；麵包粉也請盡量鋪滿表面，炸出的可樂餅才會好看、完整。

昆布芽沙拉

清爽沙拉搭配濃郁醬汁的滋味
很令人滿足。

材料

昆布芽（乾羊栖菜） 30g
小黃瓜 3條
紅蘿蔔 ⅓條
洋蔥 ½個
吻仔魚 約100g
橄欖油 2大匙
白芝麻 3大匙

【沙拉醬】
美乃滋 4～5大匙
糯米醋 2大匙
淡口醬油 2大匙
胡麻油 1小匙

作法

1 取一鍋水煮滾，放入洗淨的昆布芽，汆燙10秒即可撈起，備用。

2 小黃瓜、紅蘿蔔切絲；洋蔥切絲後泡水，約20分鐘。吻仔魚於平底鍋乾煎（烤箱亦可），去腥味。

3 沙拉醬材料拌勻，備用。

4 將昆布芽、小黃瓜、紅蘿蔔、洋蔥和吻仔魚倒入容器內，加橄欖油稍微拌勻後，再加沙拉醬拌勻，最後撒上白芝麻。

海瓜子飯

每一口都吃得到海瓜子的富足鮮味。

材料

白米 3杯
海瓜子 900g（1.5斤）
清酒 2大匙
生薑切細絲 適量

【 調味料 】
清酒、味醂 各1½大匙
淡口醬油 1½大匙
日式高湯 適量（約540ml）

作法

1 提前1小時將米洗淨，泡水10分鐘，瀝水備用。

2 海瓜子洗淨後放入空鍋，加清酒，蓋上鍋蓋，以中大火悶蒸。開殼的海瓜子先取出，待全部取出後，鍋內的湯汁也須過濾、留用。

3 保留⅓較大顆的海瓜子，其餘皆將肉挖起，備用。

4 作法1的米倒入飯鍋內，加調味料內的清酒、味醂、淡口醬油及作法2的海瓜子湯汁，倒入日式高湯至電子鍋3杯米的刻度，最後鋪上生薑絲，即可開始烹煮。

5 飯煮好後拌入海瓜子肉，盛飯時放上幾顆海瓜子裝飾。

03

豬肉薑汁燒・馬鈴薯沙拉・若竹煮

豬肉薑汁燒

這道菜是日本非常典型的家常料理。

材料

❶ 豬肉切薄片 400g
❷ 洋蔥（小） 1個
沙拉油（炒料用） 適量

【 調味料 】
❸ 醬油 2大匙
❹ 味醂 2大匙
❺ 清酒 1大匙
❻ 細砂糖 1大匙
❼ 薑汁 2～3大匙

作法

1 豬肉片攤平疊放，洋蔥切絲，鋪在豬肉片上。

2 將味醂以外的調味料調和後，均勻地淋在洋蔥及豬肉片上，靜置約3～5分鐘。

3 熱鍋，倒沙拉油，使其均勻分布鍋面後，加入作法2調好的洋蔥豬肉片、味醂稍微拌炒。

4 把煎熟的豬肉片先取出鍋外，備用；待洋蔥變軟呈透明後，連同醬汁一同淋在豬肉片上。

馬鈴薯沙拉

沙拉吃起來清爽又可以解膩。

材料

紅蘿蔔 ½條
洋蔥 ¼個
小黃瓜 1條
水煮蛋 2個
馬鈴薯 3個（約500g）

【調味料】
鹽、胡椒粉 少許
糯米醋 1大匙
日式黃芥末 1小匙
美乃滋 100g
細砂糖 1小匙

作法

1 紅蘿蔔切片，以熱水汆燙；洋蔥切絲後泡水；小黃瓜切片，撒少許鹽；水煮蛋切粗末，備用。

2 馬鈴薯削皮後切丁。鍋內倒適量水，加進馬鈴薯丁，以中大火煮開；水滾後轉小火，煮至軟（約20分鐘）。

3 將所有調味料拌勻，備用。

4 馬鈴薯煮軟後瀝水，搗碎成馬鈴薯泥，加入已拌勻的調味料及作法1的食材，再次攪拌均勻即可。

若竹煮

享用時可搭配少許
山椒粉增添風味喔！

材料

綠竹筍 3～4個（約400g）
洗米水 適量
（或適量的水加米1大匙）
海帶芽（洗好的） 150g
綠色青菜（汆燙） 適量

【煮汁】
日式高湯 600ml
淡口醬油、味醂 各2大匙
柴魚 1把

作法

1 綠竹筍剝殼後，將表面粗澀的部分以刀子削除。

2 取一鍋，倒入洗米水、處理好的綠竹筍，以中大火煮開，水滾後轉
  小火續煮30分鐘，關火，直接靜置冷卻。

3 作法**2**冷卻後瀝水，切適當大小，表面劃刀，備用。海帶芽洗淨，備用。

4 日式高湯、淡口醬油、味醂倒入鍋內，以中大火煮開後轉小火。煮
  物表面鋪2張連著的廚房紙巾（長度以超過鍋子直徑為主），上頭
  放上柴魚，火稍微轉大，煮20分鐘。

4

5 煮好後關火，柴魚以廚房紙巾包起，將湯汁擠進鍋內（請小心避免破
  掉）後，即可丟棄。同時加入海帶芽，入味後搭配綠色青菜食用。

5

Tips

· 煮好的綠竹筍若沒有要馬上使用，可放塑膠袋內冷藏保存約2～3天。
· 以廚房紙巾將柴魚包起的料理技法為「追加柴魚」。只單純讓柴魚的味道浸入食材，而非直接加進料理。
· 因海帶芽會吸水，若是買半乾的海帶芽，大約50g就可以了。

04

玉子燒・茄子青椒味噌煮
五目炊飯・番茄豬肉沙拉

玉子燒

可放入冰箱冷藏，也很美味喔！

❶ 全蛋 4個
❷ 日式高湯 5～6大匙
❸ 細砂糖 1小匙
❹ 淡口醬油 ½小匙
❺ 鹽 少許

沙拉油（煎蛋用） 適量

作法

1 日式高湯、細砂糖、淡口醬油和鹽調勻，備用。

2 全蛋液放入容器中，盡量將臍帶夾除，接著用筷子以「前後來回」的方式打勻；拌勻後加入作法1的調味料，再次以相同方式拌勻。

3 取一方形平底鍋，開中大火加沙拉油，以廚房紙巾將油抹勻後，將多餘的油倒出。

4 待鍋溫適當時，倒入¼的蛋液，使其均勻平鋪（若出現泡泡請以筷子戳破），於半熟狀態分兩次捲起，露出的鍋面部分抹上沙拉油，將捲好的蛋捲推至最前端，鍋面再抹上沙拉油。

5 倒入剩下的⅓蛋液，使其均勻平鋪鍋面（將捲好的蛋捲稍微提起，使蛋液流入），將最前端的蛋捲分次捲起（第一次），等待5秒後再捲第二次，同樣露出的鍋面抹上沙拉油，將捲好的蛋捲推至最前端，鍋面再抹上沙拉油。

6 倒入剩下的½蛋液，重複作法5的相同步驟

7 最後倒入剩下的蛋液，全部捲起後馬上關火。盛盤搭配蘿蔔泥享用。

【玉子燒的作法】

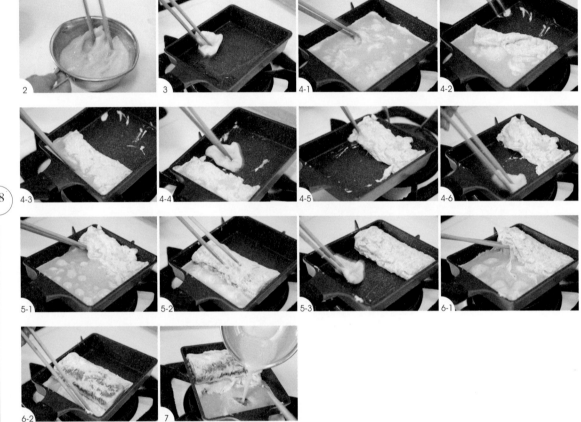

Tips

· 若無法將雞蛋臍帶完全夾除,打勻後以篩子過濾即可。

· 打蛋時不要像做糕點類般旋轉攪拌、打發,否則製作時蛋體容易塌陷。

· 鍋溫測試:先滴少許蛋液試試鍋溫,若馬上發出「滋」聲,即可開始製作玉子燒。

· 若製作時發現油量不足,可將沙拉油直接倒至廚房紙巾上使用。

· 雞蛋要提前從冰箱取出回溫,避免煎蛋時蛋液沾鍋(若溫度差異太大,蛋捲會因沾鍋而不易翻捲)。

茄子青椒味噌煮

用味噌拌煮蔬菜別有一番風味。

材料

茄子 3條
青椒 1個
蒟蒻 1張
紅乾辣椒（去籽）1支
沙拉油（炒料用）1½大匙

【調味料】
信州味噌 45g
味醂 1½大匙
日式高湯 150ml
細砂糖 1½大匙
醬油 少許

作法

1 將除了醬油之外的調味料攪拌均勻，備用。處理過後的蒟蒻切一口大小，備用。

2 取一平底鍋，倒沙拉油，開中大火，加紅乾辣椒、蒟蒻稍微煎一下；此時一邊將切好的茄子放入鍋內，拌炒均勻，加進作法1調好的調味料，拌煮2分鐘。

3 再放進切好的青椒，拌炒2～3分鐘，最後加入醬油拌勻。

五目炊飯

炊飯內的食材也可以隨喜好更換喔！

材料

牛蒡 ½支
油豆皮 1張
紅蘿蔔 ⅓條
鮮香菇 3朵
蒟蒻 ½張、米 3杯

【調味料】
醬油 2大匙
淡口醬油 2大匙
清酒 1大匙
日式高湯 適量
（約540ml）

作法

1　牛蒡削皮，切絲；油豆皮、紅蘿蔔切絲（1×0.3cm）；鮮香菇切薄片；處理過的蒟蒻切小塊，備用。

2　提前1小時將米洗淨，泡水10分鐘，瀝水，倒入醬油、淡口醬油、清酒，再加日式高湯至電子鍋3杯米的刻度，加進作法1的食材，入電子鍋烹煮。煮好後拌勻即可。

番茄豬肉沙拉

涮涮過的豬肉搭配酸甜番茄既爽口又開胃。

材料

清酒 2大匙
豬肉切薄片 150g
黃秋葵 15～20支
番茄 2～3個（約500g）
青紫蘇葉 15～20片

【沙拉醬】
乾昆布 1小片
蜂蜜 3大匙
檸檬汁 5～6大匙
淡口醬油 5大匙
洋蔥泥 2大匙
橄欖油 5大匙

作法

1 **沙拉醬製作：** 乾昆布切小片（約1cm），拌入所有沙拉醬材料中，備用。

2 取一鍋，加入適量水、清酒，煮滾後放豬肉片，涮熟即可撈起。

3 秋葵稍微汆燙後，沖水5分鐘，切2～3段；番茄切成一口大小；紫蘇葉取⅔用手撕碎，剩下的⅓切絲，備用。

4 熟的豬肉片、秋葵、番茄、⅔的紫蘇葉與作法**1**的沙拉醬攪拌均勻，最後撒上紫蘇葉絲。

05

炸蓮藕夾蝦泥・雞絲豆芽沙拉
昆布芽煮物

炸蓮藕夾蝦泥 ……這道菜非常適合下酒喔！……

❶ 蓮藕（中）1～2節
❷ 低筋麵粉 適量
❸ 蝦仁 100～200g
❹ 鮮香菇 2朵
❺ 洋蔥切末 ¼個
❻ 太白粉 1大匙
日式高湯 300ml
淡口醬油 2小匙
沙拉油（炸物用）適量

作法

1　提前先將蓮藕削皮，切片約0.3～0.5公分厚，邊切邊泡醋水（醋水比例為100：1），5～10分鐘後瀝乾。

2　日式高湯、淡口醬油入鍋，放蓮藕片，以中大火煮15分鐘後關火。待冷卻後，連同煮汁一起放進冰箱冷藏，備用。

3　蝦仁切丁，以刀子打成泥狀，鮮香菇切末，和洋蔥末稍微混合，再加太白粉攪拌均勻，備用。

4　取蓮藕2片，單面沾低筋麵粉，沾粉面夾入作法3混合好的蝦泥球（直徑約2cm），完成後外層沾滿低筋麵粉，重複此動作直至完成全部的蓮藕夾蝦泥。

5　熱油鍋，待適當油溫時，視鍋子大小放入幾塊完成的蓮藕夾蝦泥，待約1分鐘後翻一次，等泡泡變少、蓮藕浮起即可撈起瀝油。

6　將炸好的蓮藕夾蝦泥切半，盛盤享用。

3

4-1

4-2

4-3

5-1

5-2

Tips
· 炸物時，若擔心被油噴到，可從離油面近的鍋邊滑入食材。
· 食材放入油鍋時，需至少等待 1 分鐘才可移動，以免散開。
· 若不吃海鮮，把內餡換成豬絞肉、薑、青蔥末也很好吃！

雞絲豆芽沙拉

口味和口感上都很清爽，
很推薦試試看喔！

材料

雞胸肉或里肌肉 200g
清酒 1大匙
綠豆芽 600g
山芹菜 20支
山椒粉 適量

【浸汁】
日式高湯 400ml
淡口醬油 1大匙
鹽 少許

【拌醬】
白芝麻（熟）65g
細砂糖、醬油 各2大匙
淡口醬油 1大匙

作法

1 鍋內加水適量，放雞肉、清酒，以中大火煮開後關火，直接靜置放涼。冷卻後將雞肉剝成絲，備用。綠豆芽頭尾去除，以滾水汆燙，撈起。山芹菜汆燙後，撈起備用。

2 日式高湯、淡口醬油、鹽攪拌均勻，放入作法1的綠豆芽、山芹菜，醃浸約1小時。

3 拌醬製作：白芝麻磨碎，加細砂糖、醬油、淡口醬油，拌至黏糊狀。

4 最後將雞絲、瀝乾的綠豆芽和山芹菜與拌醬、山椒粉拌勻即可。

昆布芽煮物

昆布芽的獨特口感為這道菜增色不少。

材料

昆布芽（羊栖菜）30g
香菇（乾）3朵
紅蘿蔔 10cm
牛蒡 20cm
油豆皮 ½片
沙拉油（炒料用）適量
四季豆或豌豆莢（汆燙）
適量

【煮汁】

日式高湯 400ml
醬油、味醂 各3大匙
細砂糖 1大匙

作法

1 昆布芽稍微洗過後泡水20分鐘；乾香菇先泡水泡開後切絲，紅蘿蔔、牛蒡切絲，備用。油豆皮切絲，備用。

2 取一鍋，倒入沙拉油，開中大火，放進昆布芽、香菇、紅蘿蔔、牛蒡，稍微拌炒，加所有煮汁材料，煮開後轉小火，約煮15～20分鐘。

3 加入油豆皮絲，續煮5～10分鐘。完成後搭配四季豆或豌豆莢食用。

06

五目散壽司・茶碗蒸

大根千枚漬・蛤蠣潮汁

五目散壽司

每年的三月三日女兒節或是慶祝的日子，日本人都會做這道料理！

材料

・壽司醋飯・

❶ 昆布（10cm）1片
❷ 細砂糖 3大匙
❸ 糯米醋 5大匙
❹ 鹽 1小匙
白米 3杯
清酒 1大匙
水 適量
昆布（5cm）1片

・拌料・

5 紅蘿蔔、牛蒡粗末
　紅蘿蔔、牛蒡 各150g
　日式高湯 200ml
　細砂糖、味醂、醬油 各1大匙

6 煮穴子
　煮穴子（或鰻魚蒲燒）1包
　日式高湯 100ml
　細砂糖、清酒、醬油 各1大匙

7 香菇
　乾香菇 3朵
　日式高湯 200ml
　細砂糖、味醂、醬油 各1大匙

8 醃漬蓮藕片
　蓮藕 250g
　水、醋 適量
　日式高湯 150ml
　糯米醋 50ml
　細砂糖 2大匙

・配料・

9 甜醋蝦
　鮮蝦 12尾
　水、糯米醋 各100ml
　細砂糖 5大匙

10 蛋皮絲
　全蛋 5個
　細砂糖、水 各1大匙
　鹽 少許
　沙拉油（煎蛋用）適量

11 豌豆莢
　豌豆莢 20～30片
　鹽 少許

作法

・拌料準備・

1 紅蘿蔔、牛蒡末：紅蘿蔔、牛蒡切粗末。日式高湯、細砂糖、味醂、醬油倒進小鍋，加牛蒡、紅蘿蔔粗末，以中大火煮開後轉小火，慢煮至乾，放涼備用。

2 煮穴子：煮穴子切小段（約1cm）。日式高湯、細砂糖、清酒、醬油倒進小鍋，加入煮穴子，以中火煮開後撈起，放涼備用。

3 香菇：乾香菇用水泡開。日式高湯、細砂糖、味醂、醬油倒入小鍋，加進泡開的香菇，以小火慢煮至乾（約15～20分鐘），放涼後切小塊備用。

4 醃漬蓮藕片：蓮藕切薄片，泡醋水（醋水比例為100：1），5～10分鐘後瀝乾。泡醋水的同時，先將日式高湯、糯米醋、細砂糖混合均勻，倒入容器內，備用。

5 鍋內倒水適量、作法**4**的蓮藕片，開中火煮至滾；水滾後將熱水倒掉，趁熱將蓮藕片裝進作法**4**醃汁的容器內，浸泡30分鐘以上。

・配料準備・

1 甜醋蝦：將水、糯米醋、細砂糖攪拌均勻成醃汁，倒進容器內備用。滾水煮蝦，蝦身轉紅後撈起放涼，去頭剝殼，放入醃汁容器，浸泡30分鐘以上。

2 蛋皮絲：全蛋打勻後加鹽、細砂糖、水，攪拌均勻成蛋汁。平底鍋加沙拉油，熱鍋，倒入適量蛋汁一片片煎（一般玉子燒四方鍋，大概可以煎7～8片），全部煎完後將蛋皮相疊，切成細絲。

3 豌豆莢：鍋內倒入適量水，中大火煮開後加入鹽，將豌豆莢稍微氽燙後撈起，沖水冷卻。

· 最後準備 ·

1 提前1小時將米洗淨，泡水10分鐘後瀝水，加清酒、水及昆布，入電子鍋烹煮。

2 昆布、細砂糖、糯米醋、鹽入鍋煮開後，放涼（即成壽司醋）。

3 飯煮好後，分別取出飯和壽司醋裡的昆布，趁熱將壽司醋拌入，以「切」的方式將醋和白飯拌勻，蓋上一片溼布，待約20分鐘。

4 依序將紅蘿蔔、牛蒡、香菇拌入已降溫的醋飯，拌勻後再倒入煮穴子輕輕翻攪。

5 鋪放醃漬蓮藕片、蛋皮絲、甜醋蝦及豌豆莢即完成。

Tips · 所有拌料在拌入醋飯之前，水分都必須瀝乾，以免沾黏成團。

茶碗蒸

加入切片的日式年糕也很好吃，可以試試看喔！

春
65

材料

全蛋 2個
日式高湯 300ml
味醂 ½大匙
淡口醬油 ½小匙
鹽 ¼小匙
蝦仁 4尾
百合根 8片
雞里肌肉 2條
山芹菜（裝飾）少許

【淋醬】
日式高湯 100ml
清酒 1大匙
鹽 少許
淡口醬油 ½小匙
太白粉 ½小匙
日式高湯 1小匙

作法

1 全蛋打勻，加入日式高湯、味醂、淡口醬油及鹽攪拌均勻後，用篩網過濾，備用。

2 準備小陶杯4只，各放入蝦仁1尾、百合根2片、里肌肉半條，並倒入作法1濾好的蛋汁（約8分滿）。

3 蒸鍋內加水（約3～4cm高），放入小陶杯蓋上蒸蓋，蒸3分鐘後關火，悶12分鐘（此時不可將蓋子掀起）。

4 取一小鍋，倒入日式高湯100ml、清酒、鹽，用中大火煮滾後，加淡口醬油、太白粉、日式高湯1小匙，攪拌均勻。

5 於蒸好的茶碗蒸上分別倒入薄薄一層作法**4**勾芡，最後放上山芹菜。

Tips
· 食材可依個人喜好調整，但切記不能貪心加太多。
· 若家中沒有蒸鍋，也可使用電鍋；鍋內加適量水後，方法同作法3。
· 最後的勾芡步驟能讓茶碗蒸表面上更顯平滑，也可省略。

大根千枚漬

白蘿蔔的清脆口感吃起來
很舒爽喔！

材料

白蘿蔔 500g
鹽 1小匙
水 1大匙

【調味料】
米醋、細砂糖 各5大匙
乾昆布（10cm）1片
紅乾辣椒（去籽）1支

作法

1 白蘿蔔削皮、切成薄片後，放進塑膠袋，加鹽、水，以手揉捏塑膠袋約30秒，使內容物混合均勻。

2 揉捏完成後，盡量將塑膠袋內的空氣擠出，袋口綁緊，靜待15～20分鐘。

3 乾昆布切小丁，備用。

4 作法2塑膠袋內的蘿蔔會出水，必須將水倒掉，去掉辛辣味。

5 塑膠袋內加入所有調味料，同樣以手揉捏，使味道充分混合後將空氣擠出，綁緊袋口，放置30分鐘即可食用。

Tips ・若有醃漬剩下的蘿蔔，可連同醃汁移放至容器內保存。

蛤蠣潮汁

這道湯品充滿昆布與蛤蠣的滿滿鮮味。

材料

蛤蠣（中大）12顆
水 800ml
昆布（10cm）1片
清酒 100ml
淡口醬油 ½大匙
山芹菜 適量

作法

1 蛤蠣洗淨，備用。

2 取一鍋，倒入水、昆布、清酒及洗好的蛤蠣，開中大火，煮滾後轉小火，撈起已打開的蛤蠣、昆布，撈除表面浮沫。

3 加淡口醬油，再轉為中大火煮滾後即可關火。最後以山芹菜作裝飾。

07

太卷壽司・蘑菇沙拉・竹筍照燒

太卷壽司

捲壽司的手法是有技巧的喔！

材料　約可做4條

• 壽司飯 •

米 3杯
清酒 1大匙
水 適量
乾昆布（10cm） 1片
糯米醋 5大匙
細砂糖 3大匙
鹽 1小匙
乾昆布（5cm） 1片

• 配料 •

1 **玉子燒**

全蛋 4個
鹽 少許
細砂糖 3大匙＋熱水 2大匙
清酒 1大匙
沙拉油（煎蛋用） 適量

2 **香菇**

乾香菇 3～4朵
水 200ml
細砂糖 1½大匙
味醂 2大匙
醬油 3大匙

3 **糖醋蝦**

鮮蝦 8～12尾
糯米醋 4大匙
細砂糖 1大匙
鹽 少許

4 **煮穴子（或鰻魚） 1條**
（作法可參考p.61）

5 **葫蘆乾**

葫蘆乾 30g
鹽 少許
日式高湯 300ml
味醂、醬油 各2大匙

6 **山芹菜或小黃瓜 適量**
燒海苔（壽司用）4～5張

作法

・壽司飯製作・

1 米洗淨，泡水10分鐘後瀝水，加清酒、水及昆布，入電子鍋烹煮。

2 糯米醋、細砂糖、鹽、昆布入鍋煮開後，放涼（即成壽司醋）。

3 飯煮好後，分別取出飯和壽司醋裡的昆布，趁熱將壽司醋拌入，以「切」的方式將醋和白飯拌勻，蓋上一片濕布，備用。

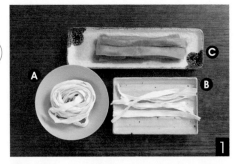

Ⓐ｜一般市面販售樣貌　Ⓑ｜烹煮前
Ⓒ｜烹煮後

・配料準備・

1 **葫蘆乾**：乾燥葫蘆乾剪約20cm（較海苔寬度短些），以清水沖洗，再以鹽巴搓過後泡水。（見圖**1**）

2 葫蘆乾泡開後換水，以中大火煮至邊緣呈半透明（約15分鐘），瀝水，加日式高湯、味醂、醬油再煮15分鐘。撈起瀝乾，放涼備用。

3 **香菇**：乾香菇用水泡開。香菇水、細砂糖、味醂、醬油倒入小鍋，加進泡開的香菇，以小火慢煮至乾（約15～20分鐘），放涼後切片備用。

4 **玉子燒**：全蛋打勻後加鹽、細砂糖、熱水，攪拌均勻成蛋汁。平底鍋加沙拉油，熱鍋，倒入適量蛋汁，製作成玉子燒（作法可參考P.46），放涼後切片備用。

5 **山芹菜或小黃瓜**：山芹菜洗淨後，切適當大小，以滾水汆燙2秒即可撈起。小黃瓜則切條，用刀子削除籽。

6 **甜醋蝦**：將糯米醋、細砂糖和鹽攪拌均勻成醃汁，倒容器內備用。取竹籤，自蝦底部串入，再入滾水煮蝦，避免蝦肉彎曲；蝦身轉紅後撈起放涼，去頭剝殼及竹籤，放入醃汁容器，浸泡30分鐘以上。（見圖**2**）

·捲壽司·

1 準備一碗水加醋，作沾手殺菌用。醋飯分成4等分，備用。

2 桌面鋪竹簾，放上海苔（粗面朝上），手沾醋水，取¼量的醋飯平鋪於海苔上（外側留約2cm，內側1cm），並調整飯量厚度，兩側較厚，中心較低以利於擺放配料。

3 依序於中心擺上香菇、甜醋蝦、葫蘆乾、煮穴子、山芹菜（或小黃瓜）、玉子燒後，開始捲壽司。

4 先以雙手拇指、食指抓住內側竹簾與海苔，其餘手指固定住配料，接著一口氣蓋至外側海苔處，壓緊，拉緊竹簾整形後再將竹簾掀開。把多出的海苔壓平，捲起，稍微放著定形。

5 定形後，刀子以推拉的方式切片，自中間開始切。為避免飯粒沾黏刀刃，可準備一條乾淨濕布，每切一刀即擦一次。

Tips
· 水煮葫蘆乾時，須注意葫蘆乾應一條條擺整齊或疊好，以避免煮好後交纏，導致斷裂。撈取時也不可使用筷子，應以湯匙或鑷子。
· 此款配料中的玉子燒因為糖量較多，故使用熱水，較容易融化。

蘑菇沙拉

一次吃到這麼多菇類很滿足呢！

材料

洋菇 1盒
鮮香菇 6朵
鴻喜菇 1包
金針菇 1包
橄欖油 1大匙
大蒜切薄片 1～2粒
鹽、胡椒粉 各少許
洋蔥切片 ½個

【醃汁】
醬油、糯米醋 各4大匙
橄欖油 100ml

作法

1 **醃汁製作**：醬油、糯米醋、橄欖油調和均勻。

2 將各種菇類處理好後，切適當大小。

3 取一平底鍋，加橄欖油、大蒜片，炒到有香氣後，加菇類稍微拌炒，再加鹽、胡椒粉、洋蔥片，邊炒邊拌，完成後倒入醃汁即可。

竹筍照燒

春天的時候最適合吃竹筍了。

材料

綠竹筍 3～4個

【調味料】
醬油、味醂 各3大匙
橄欖油（煎竹筍用）1大匙
七味唐辛子 適量

作法

1 綠竹筍剝殼後，以刀子削除表面粗澀的部分，用洗米水煮30分鐘後放涼，切成適當大小並在表面劃刀，備用。

2 作法1以醬油、味醂醃1小時（30分鐘時翻面）。

3 醃好的竹筍用廚房紙巾擦乾，放入平底鍋以橄欖油將竹筍煎至上色，盛盤享用（也可撒適量七味唐辛子）。

Tips ・可搭配時時豆或糯米辣椒食用。

08

牛丼・博多漬・甜醋嫩薑

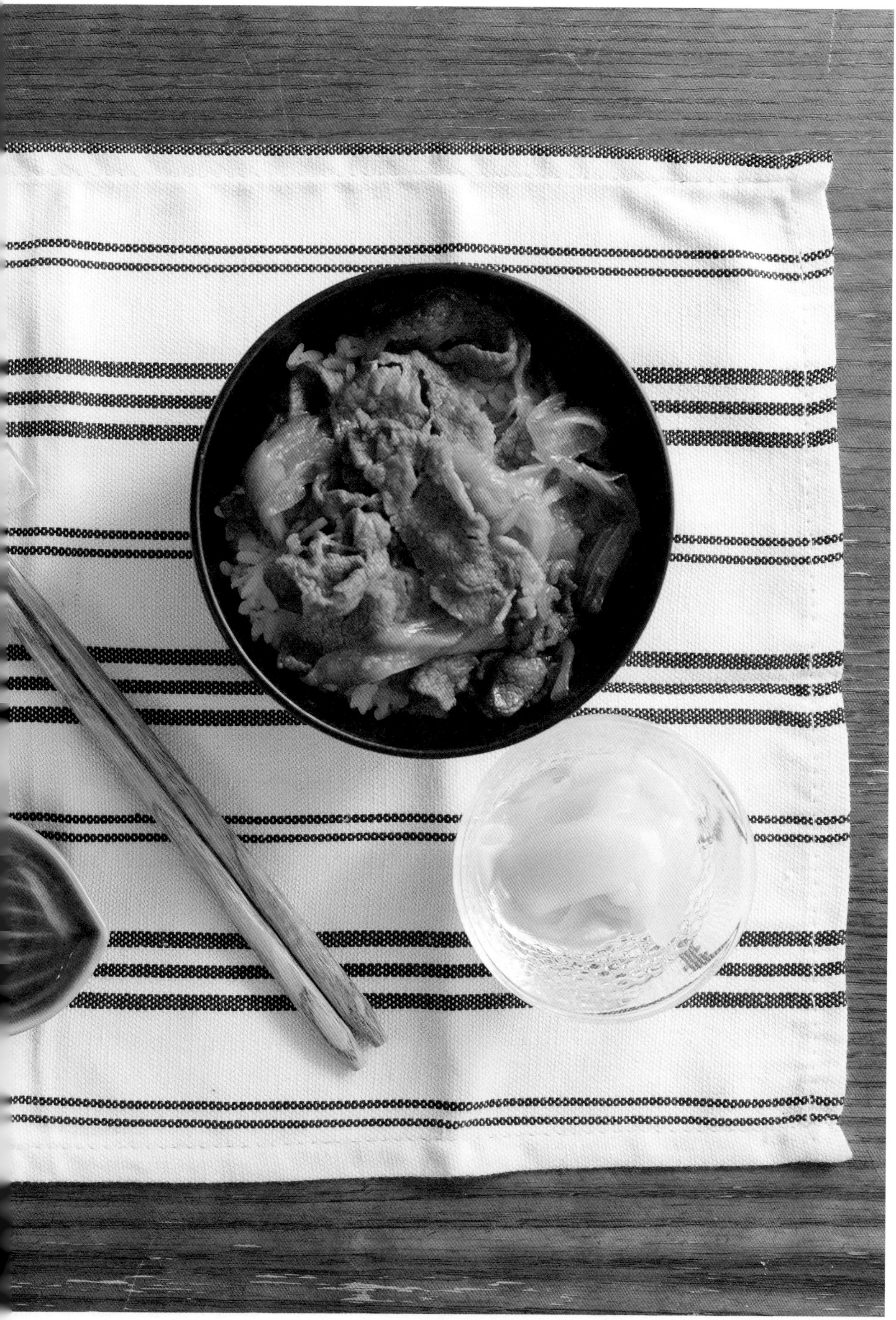

牛丼

牛肉的多汁與洋蔥的軟滑在口中化開，令人意猶未盡。

【材料】

❶ 洋蔥 400g（1顆半）
❷ 生薑切絲 5g
❸ 牛肉切薄片 300g

【煮汁】

❹ 水 400ml
❺ 清酒 300ml
❻ 淡口醬油 2大匙
❼ 細砂糖 3大匙
❽ 醬油 2大匙

作法

1 洋蔥切片後，將其一片片剝開，備用。

2 取一鍋，加進洋蔥、生薑切絲、煮汁材料，以大火煮開。

3 煮滾後加牛肉片（放肉片時切勿重疊），撈除浮沫，轉小火續煮45分鐘。

Tips ‧若使用牛五花肉，因油脂較多，所以轉小火後，需持續撈除浮沫，煮出來的牛丼才會好吃。

博多漬

因為切片看起來像是和服的腰帶——博多帶的花樣，故有此名稱。

材料

高麗菜葉 3～4片（中大顆）
小黃瓜、青紫蘇葉、紅蘿蔔、昆布絲 各適量
鹽 適量

 作法

1 汆燙高麗菜葉，放涼備用。小黃瓜切薄片，青紫蘇葉切半，備用。紅蘿蔔切薄片後，以燙過高麗菜的熱水稍微汆燙，備用。

2 取一中空模（不銹鋼模型或塑膠盒容器），在底層鋪一大張保鮮膜，依序鋪上高麗菜葉、昆布絲、紅蘿蔔，撒適量鹽，再續鋪小黃瓜、昆布絲、紫蘇葉、昆布絲、高麗菜，繼續堆疊二至三層後，用保鮮膜將其包裹。

3 包好後，將模型墊子或比容器小一些的碟子蓋上，上方擺放有點重量的物品，放置一晚後，切塊食用。

Tips
· 昆布絲有黏著的作用，且沒有強烈味道，對身體也很好。
· 作法 2 的中空模可使用約 15×12cm、高度約 5cm 大小的容器。

甜醋嫩薑

微甜不嗆辣的嫩薑不僅開胃解膩，也可以治感冒、增強抵抗力。

材料

嫩薑 300g
鹽 少許

【 甜醋 】
糯米醋 200ml
細砂糖 100g
鹽 1小匙
昆布（5cm） 1片

作法

1 先準備一盆水，嫩薑削皮後先放水中，避免變色。將削好皮的薑切成薄片，切好後同樣放水中備用。

2 準備一鍋水，以中大火煮滾。薑片瀝水，加入滾水中，稍微攪拌，待水再次煮開後關火，瀝水，撒鹽，稍微攪拌備用。

3 甜醋材料倒入鍋，以中大火煮滾，煮滾後倒入容器，加進作法**2**的嫩薑片，放涼後冷藏，浸泡約半天即可享用。

Chapter 2

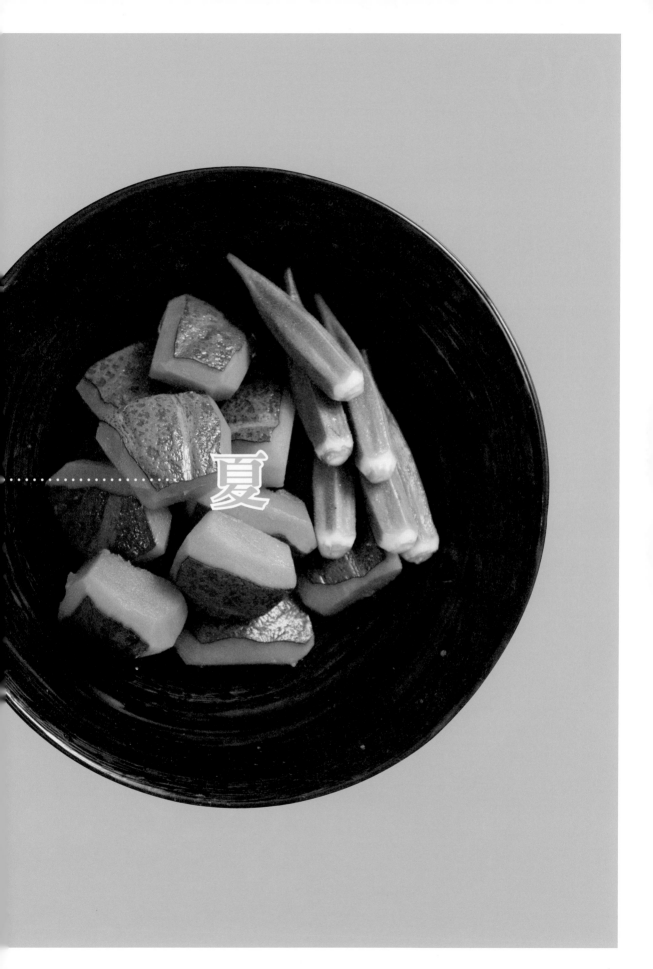

夏

09

紅燒煮魚・建長汁
梅子拌飯・青菜拌豆腐醬

紅燒煮魚

可把牛蒡、綠竹筍換成油豆腐、茭白筍等其他食材。

材料

① 鮮魚（石狗公、肉魚等白肉魚）2條
② 生薑切片 適量
③ 牛蒡或綠竹筍、青菜（汆燙）適量

【 煮汁 】
④ 水150ml
⑤ 清酒 150ml
⑥ 醬油 50ml
⑦ 細砂糖 2大匙
⑧ 味醂 50ml

作法

1 煮汁材料全部入鍋內，加薑片，以中大火煮開。

2 鮮魚單面用刀劃十字，劃刀面朝上，同牛蒡或綠竹筍一起放進煮滾的煮汁中，鋪上烘焙紙、蓋鍋蓋，待下次煮滾後轉小火，續煮10分鐘。

3 掀起烘焙紙，以湯匙撈湯汁淋在魚面，再蓋上烘焙紙、鍋蓋，續煮5～10分鐘。

4 完成後盛盤，搭配青菜一同享用。

2-1

2-2

2-3

3

建長汁 （什錦素湯）

將木棉豆腐換成油豆腐，再加入小芋頭也很好吃喔！

材料

乾香菇 5朵
水 500ml
牛蒡 ½支
紅蘿蔔 ½條
蓮藕（小） 1節
鴻喜菇 1包
蒟蒻 1張
木棉豆腐 300g
水 2000ml
山芹菜、七味唐辛子 適量

【 調味料 】
香油 1大匙
昆布（10cm） 1片
清酒 1大匙
醬油 2大匙
鹽 適量

作法

1 香菇以水500ml泡開，切一口大小；香菇水保留，備用。

2 牛蒡、紅蘿蔔、蓮藕、鴻喜菇、蒟蒻、木棉豆腐都切成一口大小，備用。

3 取一鍋，將除了鴻喜菇以外的食材以香油稍微拌炒一下，放昆布、加進香菇水500ml及水2000ml、清酒，煮滾後轉小火，續煮20分鐘。

4 加入醬油，煮滾後即可關火；若味道不夠可加適量鹽。

5 最後搭配山芹菜、撒上七味唐辛子享用。

梅子拌飯

梅子和紫蘇的組合稍微提振了夏季的食慾呢！

材料

米 1～1½杯
日本梅子 2～3粒（紫蘇口味）
吻仔魚 ½杯
白芝麻 1大匙
青紫蘇葉切絲 適量

作法

1 米洗淨，泡水10分鐘後瀝乾，倒入鍋內加水至電子鍋1～1½杯米的刻度，開始烹煮。

2 日本梅子去籽，用刀切成泥末，備用。吻仔魚放進鍋內乾炒一下，或以烤箱烤乾去水分。

3 飯煮好後，加進梅子泥、吻仔魚、白芝麻拌勻，最後搭配青紫蘇葉。

青菜拌豆腐醬

將拌料替換成其他食材也很美味！

材料

青菜（菠菜、山茼蒿等）300g
紅蘿蔔 3cm、黑木耳 50g

【豆腐醬】
木棉豆腐 300g
白芝麻 4大匙
白味噌（西京）2大匙
細砂糖 2大匙
清酒 1大匙
淡口醬油 少許

作法

1 鍋內加適量水，放木棉豆腐；煮開後撈起，瀝水並壓碎
 備用。

2 白芝麻磨碎，加進白味噌、細砂糖、清酒、淡口醬油，
 全部加入作法**1**的豆腐泥，攪拌均勻。

3 青菜、紅蘿蔔、黑木耳氽燙後切絲，與作法**2**豆腐醬拌
 勻即可。

Tips ・拌料換成蘆筍、四季豆等食材也很美味，或加入蒟蒻絲，口感更佳。若沒有木棉豆腐，換成板豆腐也可。
・因為豆腐容易壞，若當餐沒吃完要放入冰箱保存，以免變質。

10

鮪魚胡椒排・竹筍土佐煮
山藥泥麥飯・炸茄子綠醋

鮪魚胡椒排

鮮嫩的鮪魚排搭配清脆生菜吃起來相當舒爽。

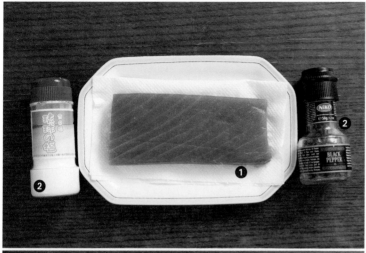

材料

❶ 鮮鮪魚塊 1～2條（約350g）
❷ 鹽、黑胡椒 各適量
❸ 蘿蔓生菜、黃甜椒絲、水菜
　等（裝飾用） 各適量
沙拉油（煎魚用） 適量

【淋醬】
❹ 檸檬汁 1大匙
❺ 西洋黃芥末 2大匙
❻ 醬油 3大匙

1

2-1

2-2

2-3

3

作法

1 將鮪魚塊雙面撒上適量的鹽、黑胡椒。

2 取一平底鍋，放入作法1的鮪魚塊，倒沙拉油，開中大火；煎
　至魚肉表面轉白即可關火，放涼。

3 鮪魚放涼後切片，搭配混合好的淋醬享用。

Tips
· 鮪魚塊不用煎得太熟，否則容易碎。
· 若放涼後不好切，可用保鮮膜包起後再切。
· 有時若擔心買回家的生魚片不新鮮，可用此方法料理（因細
　菌都在表面，高溫煎熟後就可殺菌）。

竹筍土佐煮

竹筍和蒟蒻的口感令人上癮呢！

材料

綠竹筍 300g（用洗米水或
水煮過）
蒟蒻 1包（水煮去雜味）
沙拉油（炒料用）1大匙
柴魚片 1把

【煮汁】
日式高湯 300ml
清酒 50ml
細砂糖、味醂 各1½大匙
醬油、淡口醬油 各1大匙

作法

1 綠竹筍和蒟蒻處理後，切塊（一口大
小）備用。

2 沙拉油倒入平底鍋，開中大火，放蒟
蒻塊拌炒均勻，再加綠竹筍、日式高
湯、清酒煮至滾；煮滾後轉小火，加
細砂糖續煮10分鐘。

3 另取一平底鍋，乾炒柴魚片，備用。

4 作法2加味醂、醬油、淡口醬油，再
煮10分鐘至水分收乾。煮好後撒上柴
魚片即可。

山藥泥麥飯

日本人每年夏天都會吃這種山藥泥拌飯喔！

材料

米 2杯
押麥片 ½杯
水 2½杯
青海苔粉 適量
芥末 適量

【 淋泥醬 】
山藥或大和芋 約300g
日式高湯 300ml
清酒 1½大匙
醬油 1大匙
西京味噌 1大匙（20g）

作法

1 米洗淨後瀝水，加押麥片，泡水30分鐘後開始烹煮；飯煮好後稍微悶一下。

2 將日式高湯、清酒、醬油、西京味噌加熱煮開，備用。

3 山藥削皮後磨泥，倒入作法**2**的高湯，攪拌均勻。

4 盛一碗飯，淋上山藥泥，撒青海苔粉，搭配芥末享用。

炸茄子綠醋

日本將小黃瓜泥與糖醋汁的搭配稱為「綠醋」。

材料

茄子 2條
小黃瓜 2條
沙拉油（炸物用） 適量

【醃汁】
糯米醋（或檸檬汁）5大匙
清酒 5大匙
細砂糖 4大匙
鹽 1小匙

作法

1　糯米醋、清酒、細砂糖、鹽，以小鍋煮至細砂糖融化，備用。

2　熱油鍋，茄子切段（2～3cm），邊切邊入油鍋，炸好後加進作法1的醃汁，醃漬約30分鐘。

3　小黃瓜磨泥，淋在醃好的作法2上。

Tips　· 茄子若剛從冰箱拿出，需待退至室溫後再油炸，顏色才會漂亮，否則容易變成咖啡色。
　　　　· 小黃瓜泥也可先與醃汁混拌後再放入茄子。

鮪魚富含營養價值，
熱量也不高，
在夏天品嘗既清爽又無負擔。

11

炸雞塊・炸蔬菜浸高湯・嫩薑飯

炸雞塊

入味多汁的雞塊令人食指大動。

材料

1 雞腿排（去骨去皮）800g
2 太白粉 150g
3 檸檬 適量
沙拉油（炸物用）適量

【醃汁】

4 生薑汁 1小匙
5 大蒜泥 1大匙
6 香油 1小匙
7 清酒 2大匙
8 全蛋 1個
9 醬油 4大匙

作法

1 雞腿排切塊（一片大約切成5～6塊），備用。

2 全蛋打勻，加入其他醃汁材料攪拌後，放切好的雞腿排；取一張保鮮膜，直接蓋在食材表面，隔絕空氣，醃45分鐘～1小時。

3 油炸前，將太白粉倒進醃肉攪拌均勻。

4 取一鍋，倒沙拉油，先以低溫油炸，放入雞肉，炸約3分鐘後撈起，待油溫變高後再倒入雞肉回鍋，炸至顏色為深褐色即可撈起瀝油。

3

4-1

4-2

4-3

Tips
・也可使用帶皮雞腿排，但醃肉時間要加長，才會入味。
・如果沒有要馬上炸，可將醃汁的醬油分量減少一半，放入冰箱冷藏醃製。

炸蔬菜浸高湯

多色的蔬菜讓人心情愉悅，
也會增進食慾呢！

材料

蓮藕(小) 1節
牛蒡 ½支
紅蘿蔔(小) 1條
黃甜椒 1個
四季豆 20支
杏鮑菇 3個
茄子 1條
沙拉油（炸物用） 適量

【浸汁】
日式高湯 600ml
清酒、味醂 各3大匙
淡口醬油 3大匙
鹽 ½小匙
生薑切薄片 3～4片

 作法

1 **浸汁製作：** 將所有食材倒入鍋內，煮開，備用。

2 蓮藕削皮後切薄片，泡醋水；牛蒡削皮後切薄片，泡水；紅蘿蔔切薄片、黃甜椒切塊、四季豆切半、杏鮑菇切薄片。茄子切塊（油炸前再切，以防變色）。

3 熱油鍋，作法2切好的食材依序放鍋內油炸，待食材浮起後便可撈起，瀝油後放入做好的浸汁中（不易入味的食材先鋪於底部）。

4 半小時後以湯匙將底部食材往上翻，讓原先在上方的食材浸入浸汁，再過半小時即可享用。

Tips
・作法 3 油炸時，建議從質地較硬的食材開始炸起。
・黃甜椒、四季豆炸約 30 秒即可撈起；茄子可邊切邊炸，較不易變色。
・若擔心炸油浪費，可於同天重複使用，從蔬菜→肉類→海鮮類的順序開始油炸（例如先製作炸蔬菜浸高湯，再做炸雞塊）。

嫩薑飯

白飯裡充滿嫩薑的溫和滋味。

材料

米 3杯
嫩薑 60g
油豆皮（大）1片

【 調味料 】
清酒 1½大匙
淡口醬油 3大匙
味醂 1大匙
日式高湯 適量（約540ml）

作法

1 提前1小時將米洗淨，泡水10分鐘，瀝水。嫩薑削皮，切末；油豆皮切末，備用。

2 清酒、淡口醬油、味醂倒入洗好的米中，加日式高湯至電子鍋3杯米的刻度，再鋪上嫩薑末、油豆皮末，開始蒸煮。

3 煮好後拌勻享用。

12

燒鯖魚棒壽司・小黃瓜豆皮胡麻醋

冬瓜煮物

燒鯖魚棒壽司

分切時建議從中間開始，較不易變形散開。

棒壽司是關西一帶最具代表性的壽司，
其中又以鯖魚棒壽司在福井縣最為知名。
鯖魚含水量高、營養價值豐富，
適合以鹽漬或燒烤方式烹調。

 材料　約可做2條

① 鹽烤鯖魚 2片（去骨）
② 糯米醋 4大匙
③ 細砂糖 2小匙
④ 青紫蘇葉 6～8片
⑤ 甜醋嫩薑切末 6大匙
　（作法可參考p.81）
⑥ 白芝麻 2大匙

• 壽司米 •

米 1½杯
清酒 1大匙
水 適量（270ml）
乾昆布 2片
糯米醋 3大匙
細砂糖 ⅔大匙
鹽 ⅔小匙

1. **壽司飯製作：**提前1小時將米洗淨，泡水10分鐘後瀝水，加清酒、水及昆布1片，入電子鍋烹煮。糯米醋、細砂糖、鹽、昆布1片入鍋煮開後，放涼（即成壽司醋）。

2. 飯煮好後，分別取出飯和壽司醋裡的昆布，趁熱將壽司醋拌入，以「切」的方式將醋和白飯拌勻，蓋上一片溼布，待約20分鐘，拌入白芝麻、甜醋嫩薑，即完成壽司飯。把飯先均分捏成4球橢圓形，備用。

3. 鯖魚先煎過或烤過，並仔細地將刺去除，備用。

4. 糯米醋2大匙、細砂糖1大匙拌勻，放入處理好的鯖魚1片，醃漬15分鐘後換面，繼續醃15分鐘。另一片鯖魚重複相同步驟。醃好後擦乾水分，備用。

5. 桌面鋪竹簾，取保鮮膜蓋在竹簾上（長度約比竹簾長5cm），中間依序疊放上鯖魚（皮面朝下）、紫蘇葉3～4片、2球捏成橢圓形的壽司飯。

6. 將前後兩端的保鮮膜拉起、覆蓋住棒壽司，靠己側的竹簾往前覆蓋住棒壽司，拉緊整形，掀開竹簾，將棒壽司換面後再次整形。

7. 兩面皆整形完後，掀開竹簾，將多出的保鮮膜以像是捲糖果紙般，兩側捲緊後壓在棒壽司下方，捲入竹簾，放冰箱冷藏至少1小時定形。

8. 品嘗時，以較鋒利的刀連著保鮮膜切片，再將保鮮膜去除即可。

1-1　1-2　2　4

5-1　5-2　5-3　6-1

6-2　6-3　8

Tips
· 預先將壽司飯均分成4球，是為了避免製作出的2條棒壽司分量大小不一。
· 每切過一刀即要以濕布擦淨，以免飯粒沾黏。

小黃瓜豆皮胡麻醋

將油豆皮換成蛋皮絲也很美味！

小黃瓜 3條
鹽 1大匙
乾香菇（中）3朵
水（泡香菇的水）500ml
細砂糖 1½大匙
醬油 1大匙
油豆皮（大）1片

【拌醬】
白芝麻 3大匙
糯米醋 1½大匙
淡口醬油 1大匙
細砂糖 ½大匙

作法

1 將小黃瓜切成薄片，撒鹽拌勻，靜置 10～15分鐘後，把水分擠乾。

2 乾香菇泡水，泡開後切薄片，加入鍋 內與細砂糖、醬油、泡香菇的水，以 小火慢煮至乾。

3 油豆皮切條狀（1×3cm），以平底 鍋乾煎、去油，備用。

4 白芝麻磨碎，加其他拌醬材料混勻 後，與小黃瓜、香菇、油豆皮拌勻即 可享用。

Tips · 香菇經常使用，可一次做多一些，放冷凍庫備用。

冬瓜煮物

冬瓜的滋味溫和不膩口，很推薦試試看喔！

材料

冬瓜（削皮）500g
雞腿肉（去骨去皮）300g
太白粉 1大匙
日式高湯或水 2大匙
生薑抹泥、四季豆 各適量

【煮汁】
日式高湯 1000ml
清酒 3大匙
味醂 3大匙
淡口醬油 2大匙
醬油 1小匙

作法

1 冬瓜切塊，雞腿肉切塊（約一口大小），備用。

2 取一鍋，倒入日式高湯1000ml、冬瓜，以中大火煮開後轉小火，續煮10分鐘。

3 加清酒、雞腿肉，煮10分鐘；加味醂、淡口醬油，再煮5分鐘，最後加醬油、預先混合的太白粉與日式高湯（或水）2大匙勾芡，搭配生薑抹泥和四季豆。

13

日式中華涼麵・炸竹輪・南瓜煮物（配冰茶）

日式中華涼麵

夏季吃涼麵既消暑又美味。

（由右至左排序）

❶ 拉麵或雞蛋麵、擔仔麵等
　適量
❷ 小黃瓜、西芹、火腿、銀
　芽、蛋皮絲、香菇等切絲
　適量
❸ 日式黃芥末 少許

【 涼麵汁 】

A
❹ 昆布＋水 200ml
❺ 味醂 200ml
❻ 糯米醋 200ml
❼ 醬油 150ml

B
❽ 細砂糖 5大匙
❾ 生薑汁 1大匙
❿ 香油 1½大匙

C
⓫ 新鮮檸檬汁 2～3大匙
　（黃檸檬1個量）

夏

117

作法

1 涼麵汁製作：材料**A**入鍋內，煮開並再加入材料**B**，拌勻後關
　火、放涼。待完全冷卻加材料**C**，拌勻，備用。

2 取一鍋，倒適量水，放麵條煮約3分半鐘（實際時間請依各包
　裝袋上說明），撈起，沖冷水洗去黏液，瀝乾備用。

3 在煮好的麵上擺小黃瓜、西芹、火腿等配料，搭配日式黃芥
　末、涼麵汁享用。

Tips
・做好的涼麵汁放入冰箱，可存放一整個夏天。一天後，醬汁
　中的昆布可直接拿來食用，解暑又美味！
・涼麵的配料可以個人喜好準備，蛋皮絲、香菇絲的作法可參
　考 p.60 五目散壽司。
・日式吃法：淋上醬汁後，以醬汁融化黃芥末，與涼麵拌著吃。

2-1

2-2

炸竹輪／磯辺揚

這道料理非常適合當作下酒菜喔！

材料

竹輪 8～10條
低筋麵粉 1杯
青海苔粉 3～4大匙
蛋水（全蛋1個＋冷水）1杯
沙拉油（炸物用）適量

作法

1 竹輪對切，備用。低筋麵粉、青海
苔粉先稍微拌勻，加蛋水再次攪拌
均勻成麵糊，加入切好的竹輪，裹
上麵衣。

2 油鍋內倒沙拉油，待油溫適當後，
放進裹上麵衣的竹輪，炸至微脆、
邊邊澎起後即可起鍋，瀝油。

Tips
· 製作之前建議先將材料都放入冰箱，油炸時口感較脆。
· 可將海苔粉換成紅薑末或黑芝麻，炸起來美觀又好吃。

南瓜煮物

南瓜鬆軟甘甜，也是很好的保健食物。

 材料

南瓜 ½個
日式高湯 400ml
細砂糖 1大匙
味醂 1大匙
淡口醬油 2大匙
秋葵（汆燙）少許

作法

1 南瓜切成適當大小（約3×4cm），備用。

2 鍋內放入南瓜、日式高湯，以中大火煮滾，再加入細砂糖、味醂、淡口醬油，續煮至軟，煮好後搭配汆燙過的秋葵享用。

 Tips　·南瓜切塊時，建議把四邊尖角削掉，燉煮時較不易因為尖角相互碰撞，使得南瓜碎裂。

14

冷素麵・天婦羅・Dashi

冷素麵

可依照自己的喜好選擇配料享用！

❶ 日本素麵 適量
❷ 紫蘇葉、茗荷、山芹菜、
　青蔥、嫩薑等 適量
❸ 蝦米 20g

【沾醬】
❹ 日式高湯 400ml
❺ 醬油 50ml
❻ 淡口醬油 50ml
❼ 本味醂 100ml

夏

123

❷（由右至左排序）

作法

1 蝦米與沾醬材料以中大火煮開後，關火，過濾倒入容器放涼。待完全冷卻後，冷藏備用。

2 取一鍋，加適量水，以中大火煮滾後加入素麵，煮約2分鐘。

3 將麵撈起以冷水沖洗，再放入含有冰塊的冰水容器裡，搭配沾醬和配料享用。

Tips　　·配料可選擇自己喜歡的食材，切粗末後搭配素麵及沾醬。

天婦羅

蝦子煮熟後身體會彎曲，但若事先處理過就可炸出直挺的樣子喔！

材料

鮮蝦 適量
洋蔥、地瓜、四季豆、茄子、香菇等 適量
沙拉油（炸物用） 適量
低筋麵粉（預先冰過） 適量

【麵糊】（預先冰過）
低筋麵粉 100g
冰水＋全蛋 250ml

【沾醬】
日式高湯 200ml
淡口醬油 2大匙
味醂 2大匙
白蘿蔔泥、七味粉 少許

作法

1 **鮮蝦處理**：蝦子去殼去頭，腳腹部、背部劃刀，手稍微施點力壓蝦身，直到發出噗哩噗哩的聲音，備用。蔬菜切適當大小（約0.7cm厚，太厚容易炸不熟），備用。

2 麵糊材料攪拌均勻，備用。

3 **沾醬醬汁製作**：日式高湯、淡口醬油、味醂以中大火煮開，放涼備用。

4 熱油鍋。炸物材料均勻沾上低筋麵粉（避免油炸時沾黏），裹上麵糊，自蔬菜開始入油鍋油炸，最後再炸蝦。

5 炸至顏色金黃後瀝油，搭配沾醬醬汁、白蘿蔔泥和七味粉。

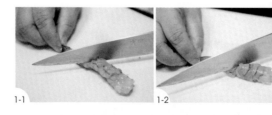

1-1　　1-2

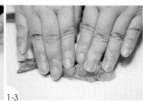

1-3

Tips
· 因為蝦子煮熟後身體會彎曲，需事先處理過，炸好時才會是直的。
· 粉類及麵糊材料需事先冷藏，使用前再取出。
· 建議油炸時間：地瓜 3～4 分鐘；洋蔥 2 分鐘；四季豆、香菇、茄子 1 分鐘；鮮蝦炸至油面泡泡變少即可。

Dashi／涼拌菜

深夜食堂裡出現過的涼拌菜，是山形縣著名的鄉土料理。

材料

茄子 1條
小黃瓜 2條
青椒 1個
茗荷 3個
青紫蘇葉 5片
乾昆布（3cm）1片

【浸汁】
日式高湯 100ml
淡口醬油 5大匙
本味醂 2大匙

作法

1　茄子、小黃瓜、青椒切小丁，茗荷、青紫蘇葉切粗末，昆布用剪刀剪成絲。

2　將作法1的材料與浸汁材料一同放入容器中冷藏，浸泡1小時後即可享用。

Tips　·也可加入秋葵、山藥，口感更好。若沒有茗荷，可用少量的嫩薑代替。這道料理搭配白米飯、涼拌豆腐都很適合喔！

15

凍醬蕎麥麵・炸櫻花蝦餅

牛蒡沙拉

凍醬蕎麥麵

冰過後形成的凍醬吃起來涼爽，比一般涼麵醬汁更解暑。

（依逆時針排序）

材料

❶ 蕎麥麵（乾） 70～100g／1人份
❷ 蝦仁、蛋皮絲、小番茄、燒海苔絲、茗荷、青紫蘇葉等 適量
❸ Wasabi 適量

【凍醬】
❹ 吉利丁粉 約20g
❺ 水 6大匙
❻ 日式高湯 1000ml
❼ 醬油 150ml
❽ 味醂 75ml
❾ 清酒 75ml

1-1

1-2

1-3

3-1

3-2

作法

1 **凍醬製作：** 吉利丁粉加水，備用。日式高湯、醬油、味醂、清酒倒入鍋，以中火煮開後關火，加入吉利丁水攪拌均勻，倒進容器，待完全冷卻後冷藏備用。

2 蕎麥麵煮好後，以冷水沖洗過，瀝乾裝盤備用。

3 將凍醬取出，以叉子搗碎，倒在蕎麥麵上，再搭配喜歡的配料享用。

Tips
· 無論是哪種涼麵，煮好後皆要以冷水洗過。
· 凍醬冷藏約 3 小時可結凍。
· 蕎麥麵剩下的湯水，不用急著倒掉，因其有淨化血液的作用，在日本家庭裡，每當吃過蕎麥麵後，都會喝上一杯。
· 配料可依個人喜好搭配，或簡單一點，撒上適量燒海苔絲就很美味。

炸櫻花蝦餅

讓炸物更酥脆是有祕訣的喔！

材料

鮮香菇 3朵、洋蔥 ½個
山芹菜 15支、櫻花蝦 100g
低筋麵粉 3大匙

【麵糊】（預先冰過）
冰水 200ml
全蛋 1個（50ml）
低筋麵粉 100g

【沾醬】
日式高湯 200ml
淡口醬油、味酥 各2大匙
白蘿蔔泥 適量
七味粉 適量

作法

1 鮮香菇、洋蔥切絲，山芹菜切段，與櫻花蝦一同倒入容器中，撒低筋麵粉拌勻，備用。

2 **沾醬製作**：日式高湯、淡口醬油、味酥以中大火煮開，放涼備用。

3 **麵糊製作**：冰水加蛋，攪拌均勻，再撒上低筋麵粉，拌勻。

4 熱油鍋，備用。麵糊倒入作法**1**拌好的材料，攪勻後，挖一匙沿油鍋的鍋緣放入，靜待1分鐘；若有材料散開，可用筷子再將材料疊上聚合。

5 油炸至顏色金黃、鍋內泡泡變少後即可撈起瀝油。最後搭配作法**2**的沾醬、白蘿蔔泥和七味粉。

Tips
· 麵糊材料需事先冷藏，使用前再取出，能讓炸物更脆。
· 油炸時，記得不可一次放太多蝦餅，以免油溫下降，炸物不易成形。

4-1

4-2

4-3

5

牛蒡沙拉

清爽脆口的牛蒡，很適合在夏天品嘗。

牛蒡 1支
日式高湯 300ml
細砂糖、清酒、淡口醬油
各1½大匙
沙拉油 2～3大匙
吻仔魚 100g
青蔥或山芹菜末 適量

【拌醬】
美乃滋 3大匙
檸檬汁 1大匙
西洋黃芥末籽 1小匙

1　牛蒡削皮後，以刀子用削鉛筆的方式削成薄片，泡水。

2　牛蒡全部削好後瀝水，與日式高湯、細砂糖、清酒、淡口醬油以小火慢煮20分鐘；煮好後瀝水。

3　取一平底鍋熱沙拉油，加吻仔魚，炒至吻仔魚呈半透明後取出，瀝油。

4　拌醬材料攪拌均勻，再加進牛蒡、吻仔魚拌勻，撒上青蔥末。

Tips　　·若沒有要馬上食用，吻仔魚在吃之前再加入攪拌。

16

炸豬排・通心粉沙拉
金平牛蒡・蘿蔔乾拌飯

炸豬排

清香嫩口的炸豬排令人愛不釋口！

❶ 豬肉塊（切1.5～2cm厚）　　　❻ 低筋麵粉 適量　　　　　　【沾醬】
　　適量　　　　　　　　　　　❼ 麵包粉 適量
❷ 全蛋 1個　　　　　　　　　　沙拉油 適量　　　　　　　❽ 黑、白芝麻（比例1：2）
　　　　　　　　　　　　　　　　　　　　　　　　　　　　　適量
❸ 低筋麵粉（麵糊） 適量　　　　高麗菜絲 適量
　　　　　　　　　　　　　　　　　　　　　　　　　　　　❾ 日式炸豬排醬 適量
❹ 牛奶 適量　　　　　　　　　　檸檬 適量
　　　　　　　　　　　　　　　　　　　　　　　　　　　　❿ 日式黃芥末 適量
❺ 鹽、胡椒粉 各少許　　　　　　番茄 適量

【炸豬排的作法】

作法

1 豬肉買回家後，用保鮮膜包起來放冰箱熟成1～2天。

2 將全蛋、低筋麵粉適量、牛奶混合均勻成麵糊，備用。

3 隔天油炸前1小時取出豬肉，表面撒鹽、胡椒粉，依序沾滿低筋麵粉、麵糊、麵包粉。

4 沙拉油倒入鍋內，開小火加熱至適當溫度後，放入2塊豬排（視鍋子大小而定），此時不可移動豬排，須待其稍微浮起後再換面，炸約2分鐘；取出豬排，直立放在廚房紙巾上2分鐘，吸油並利用其餘溫將內部熟透。

5 因已炸過一次，油溫降低，此時應轉中火使油溫升高，再分批放入剩餘豬排炸熟。

6 黑白芝麻磨碎，拌入日式炸豬排醬，備用。

7 炸好的豬排依個人喜好切塊、擺盤，搭配高麗菜絲、檸檬、番茄及2種沾醬食用。

3-1　3-2　3-3　3-4
3-5　4-1　4-2　4-3

Tips

· 豬肉可選擇「老鼠肉（腿心肉）」，即豬後腿內側的部位，肉質有嚼勁且不會太韌，味道也較香。

· 若有剩餘的肉排未炸，可用保鮮膜包起冷凍保存；油炸前先放置冷藏，待完全退冰後再處理，以避免肉排出血水或有中心炸不熟的情況產生。

· 若想使炸衣口感更脆，可將吐司邊用調理器攪碎，拌入麵包粉一同沾取。

通心粉沙拉

試試加入自製的美乃滋，味道會很不一樣。

材料

通心粉 100～150g
小黃瓜 2條
水煮蛋 2個
火腿 3～4片
洋蔥切粗末（小）⅓個
鹽、胡椒粉 各少許
美乃滋 適量

作法

1. 通心粉煮熟（時間請依各家品牌的包裝說明為主），瀝乾放涼備用。

2. 小黃瓜、水煮蛋、火腿切丁（約0.7cm）。小洋蔥切粗末，泡水10分鐘，瀝乾。

3. 取一大碗，放入作法1的通心粉、作法2的材料及鹽、胡椒粉、美乃滋攪拌均勻。

· 自製美乃滋：將蛋黃 1 個、米醋 1½ 大匙、鹽 1 小匙以攪拌器攪拌均勻，以慢速攪拌一邊慢慢加入沙拉油 100ml，攪勻後即成。

金平牛蒡

爽口的牛蒡非常適合當作配菜一起享用。

 材料

牛蒡 1支
紅蘿蔔（小）½條
紅乾辣椒去籽 1支
白芝麻 2大匙
沙拉油、胡麻油
（炒料用）各½大匙

【 調味料 】
清酒 2大匙
細砂糖 1大匙
醬油 2大匙
味醂 1大匙

作法

1 牛蒡、紅蘿蔔削皮後切細絲（牛蒡切絲後須立刻泡水，以免變色），紅乾辣椒去籽切段，備用。

2 平底鍋先倒入沙拉油、胡麻油，加紅乾辣椒後開中大火，加入牛蒡絲拌炒1分鐘，再加入紅蘿蔔絲炒1分鐘。

3 依序加入調味料，每加入一種調味料後皆需拌炒1分鐘。

蘿蔔乾拌飯

最後也可將青紫蘇葉切絲後一同拌入白飯。

材料

米 1～1½杯
日式蘿蔔乾
（醃柴魚醬油口味） 5cm
白芝麻 1大匙
青紫蘇葉 3～4片

作法

1 米洗淨後，入電鍋煮熟。蘿蔔乾切小丁（切絲亦可），備用。

2 飯煮熟後，加入蘿蔔乾丁、白芝麻拌勻。

3 最後放上青紫蘇葉裝飾。

Tips　·日式蘿蔔乾可選擇自己喜好的口味，一般日系超市皆能買到現成品。

Chapter 3

秋

17

土魠魚山藥泥蒸物・茄子煮物

山茼蒿櫻花蝦拌飯

土魠魚山藥泥蒸物

這道料理吃來溫暖且充滿富饒滋味。

材料

① 土魠魚 4小片
　（1片約80～100g）
② 新鮮香菇 4朵
③ 青菜（汆燙）適量
④ 燒豆腐 1盒
⑤ 山藥 約250g
⑥ 白芝麻 3大匙

鹽 少許

【調味料】

⑦ 日式高湯 600ml
⑧ 醬油 2大匙
⑨ 味醂 2大匙
⑩ 鹽 少許
⑪ 乾昆布片（10cm）4片

作法

1 土魠魚撒鹽，待出水後，淋上熱水，並用冷水稍微清洗掉逼出的血水去腥，擦乾，擺在放有昆布片的瓷盤上，備用。

2 調味料調勻成醬汁，備用。白芝麻磨碎，山藥磨泥，倒入同一碗中，加進醬汁2大匙，攪拌均勻。

3 取作法2的山藥芝麻泥1大匙，淋在作法1的土魠魚上，連同瓷盤放進蒸鍋，蒸15～20分鐘（也可用電鍋蒸）。

4 剩下的醬汁倒入小鍋中，放進香菇、燒豆腐（其他豆腐也可），開火煮熟後關火，加入已汆燙好的青菜，蓋上鍋蓋待其入味。

5 土魠魚蒸好後，將作法4的食材擺入盤內，淋上適量醬汁。

1-1

1-2

茄子煮物

涼了依舊很美味，也適合在夏天食用。

材料

茄子 2條
蝦米 2大匙

【煮汁】
日式高湯 450ml
清酒 3大匙
味醂、細砂糖 各2大匙
淡口醬油 2大匙
醬油 1大匙

作法

1　茄子切對半、切條（約10cm），皮面部分劃刀（連續十字）後，泡水。

2　除了醬油以外的煮汁材料及蝦米入鍋，以大火煮開後轉小火。

3　撈出作法1的茄子，放入煮滾的煮汁中（皮面朝下，切面朝上）；取一烘焙紙，覆蓋、貼於煮物上，加蓋續煮10分鐘。

4　加醬油，待水滾後即可。

Tips
・作法 3 中，將茄子切面朝上擺是為了避免皮面接觸空氣變色。
・放烘焙紙是為了阻隔空氣，使之更為入味。

山茼蒿櫻花蝦拌飯

帶獨特香氣的山茼蒿營養價值極高。

材料

白飯 2杯
山茼蒿 1束
櫻花蝦（乾）10g
香油（炒料用）適量
鹽 少許
白芝麻 1大匙

作法

1 山茼蒿去梗、取葉子。取適量的水，煮開後關火，放進山茼蒿葉，稍微燙過即可撈起瀝乾、放涼。

2 放涼的山茼蒿葉切粗末、擠乾水，與櫻花蝦一同用香油稍微拌炒，撒鹽。

3 炒好後加入煮好的白飯內，撒上白芝麻拌勻即成。

Tips ・山茼蒿種類有兩種，一種有梗，一種全部都是葉子；可選擇有梗的山茼蒿葉做拌飯，此品種的山茼蒿較不易變色。

18

西京燒・水菜牛肉沙拉
山藥白煮・菇飯

西京燒

屬京料理中高檔的菜色，風味細緻偏甜。

京料理是日本關西地區
京都口味的烹調方式，
對於食材方面講究時令，
而西京燒是其中的高檔傳統料理，
在懷石料理中也會出現。

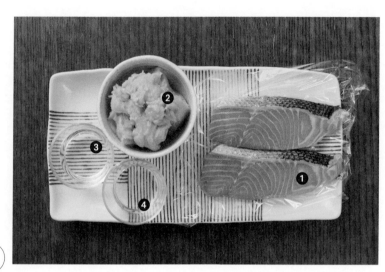

材料 ✂

❶ 鮭魚 4～6 片

【味噌漬】
❷ 白味噌（西京味噌） 500g
❸ 清酒 100ml
❹ 味醂 2½大匙
紗布、廚房紙巾 等

作法 🥢

1 鮭魚片兩面撒上鹽少許，醃約5分鐘去除腥味；待出水後，將水擦除。

2 **味噌漬：** 白味噌、清酒、味醂混合攪拌均勻，備用。

3 保鮮膜鋪於盤上，放廚房紙巾1張，將混合好的味噌漬塗抹厚厚一層在紙巾上，蓋上一層廚房紙巾及2片鮭魚；再將一張廚房紙巾鋪蓋在鮭魚上，並塗上厚厚一層味噌漬，蓋上最後一層紙巾後將邊緣摺起，放置冷藏室醃一天。（剩餘的鮭魚片重複以此步驟醃漬）

4 隔天取出冷藏的醃漬鮭魚，鍋內鋪一層烘焙紙後直接入鍋，小火煎熟即可。

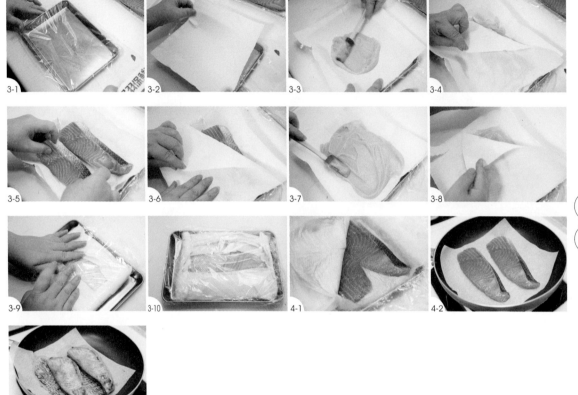

3-1　3-2　3-3　3-4

3-5　3-6　3-7　3-8

3-9　3-10　4-1　4-2

4-3

· 也可將味噌漬直接塗抹在魚片上，但味噌偏鹹且容易沾鍋，醃完後須再另行處理；使用紙巾醃漬不但能入味，煎烤時也不易因表面的味噌沾鍋而燒焦。

· 醃完後的味噌紙巾可重複使用，也可用在蔬菜、肉類等食材；第二次使用時須醃漬 2 天以上。使用順序建議為：蔬菜→肉類→魚類，腥味愈重者應置後，以免沾染腥味。

· 煎魚類等腥味較重的食材時，可先於鍋面鋪一層烘焙紙，避免腥味留在鍋內。

水菜牛肉沙拉

水菜的口感清淡爽脆，適合搭配各式食材。

材料

水菜 1包、洋蔥 ¼個、紅、黃甜椒 適量
牛肉切薄片 200g、鹽 ½小匙

【淋醬】
白芝麻醬、米醋 各2大匙
醬油 1大匙、細砂糖 1大匙
香油 ½大匙、鹽和胡椒粉 各少許

作法

1 **淋醬製作：** 所有淋醬材料攪拌均勻。

2 水菜切小段（3cm），泡水約10分鐘後瀝水；洋蔥切條泡水20分鐘（10分鐘後換1次水）、甜椒切條。牛肉片入滾鹽水，涮至喜愛的熟度後撈起，放涼備用。

3 瀝乾的蔬菜上鋪牛肉片，淋醬。

山藥白煮

具多種功效的山藥很適合當作秋季的養生料理。

材料

山藥 1條（長36cm，約750～800g）
豌豆莢、生薑末泥 各適量

【煮汁】
日式高湯 900ml、鹽 1½小匙
味醂 3大匙、細砂糖 2大匙

作法

1 山藥先切段後削皮，再切塊（3cm，1條可切12塊），備用。

2 煮汁材料混合後倒入湯鍋，放山藥塊，開中大火；煮滾後轉小火，取一烘焙紙覆蓋於煮物上，續煮15分鐘。

3 煮好後，搭配汆燙過的豌豆莢及生薑末泥即可享用。

菇飯

集結各種菇類鮮味於一身的美味。

米 2杯
舞菇、鴻禧菇、金針菇
各1包
新鮮香菇 4朵
鹽 ½小匙
日式高湯 2杯
清酒、醬油 各1大匙
鹽、味醂 各1小匙

作法

1 提前1小時將米洗淨，泡水10分鐘，瀝乾備用。

2 舞菇、鴻禧菇、金針菇切除底部後剝開，香菇切薄片，撒鹽。

3 日式高湯入鍋，開中火，加作法2的菇類一起煮至香氣出來；將菇類取出、瀝乾。

4 將作法1瀝乾的米加入煮過菇類的日式高湯，加清酒、醬油、鹽、味醂，放進電子鍋開始烹煮。

5 飯煮熟後，拌進煮好的菇類，再悶5分鐘完成。

19

鱈魚梅子煮物・炒什錦菜・黑芝麻飯

鱈魚梅子煮物

燉煮時勿翻攪食材，以免魚肉破碎。

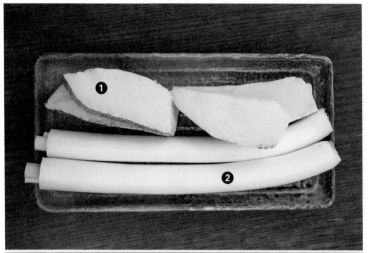

材料

① 鱈魚切片 2片
（160～240g）
② 大蔥 2支

【煮汁】
③ 乾昆布（10～15cm） 1片
④ 水 300ml
⑤ 清酒 50ml
⑥ 日本梅子 2～3粒
⑦ 淡口醬油 1½大匙
⑧ 味醂 1½大匙

作法

1 鱈魚買來若一片太大，可切半，兩面淋熱水，再用水洗淨逼出的血水去腥，備用。

2 大蔥切段（約3～4cm），以竹籤於蔥段上戳2～3個小洞，備用。

3 取一鍋，加昆布、水、清酒、梅子，以中大火煮滾後，放入鱈魚（勿重疊）、大蔥、淡口醬油及味醂，蓋上烘焙紙，轉小火慢煮20分鐘。

炒什錦菜

爽口的拌炒什錦
非常下飯。

材料

乾香菇（泡水）5朵
油豆皮（大）1張
蓮藕（泡醋水）150g
紅蘿蔔 100g
白蘿蔔 200g
沙拉油（炒料用）1大匙
白芝麻 2大匙

【調味料】
日式高湯 2大匙
淡口醬油 2大匙
米醋 4大匙
細砂糖 2大匙

作法

1 泡開的香菇切絲，油豆皮切條（約1×2cm），蓮藕切片泡醋水，紅、白蘿蔔切片，備用。

2 鍋內加沙拉油，將瀝乾的蓮藕、香菇絲、紅蘿蔔稍微拌炒後，再加入白蘿蔔及所有調味料稍微拌炒，最後加油豆皮邊拌邊炒，撒上白芝麻即成。

黑芝麻飯

黑芝麻不僅風味十足又能兼顧營養。

 材料

米 2杯
味醂、醬油 各1大匙
日式高湯 適量
黑芝麻 3大匙

作法

1 提前1小時將米洗淨後泡水10分鐘,瀝乾。

2 飯鍋內倒入味醂、醬油,日式高湯加至電子鍋2杯米的刻度,攪拌均勻後,倒入黑芝麻,開始烹煮。

3 煮好後拌勻。

20

照燒雞餅・蓮藕秋葵沙拉
明太子豆腐・鮭魚昆布芽炊飯

照燒雞餅

享用時可撒上山椒粉或七味唐辛子增添風味喔！

材料　約可做15個

❶ 雞絞肉 600g
❷ 青椒 ½個
❸ 山茼蒿 3～4支
❹ 青紫蘇葉 15片
❺ 山藥（磨泥）3cm
❻ 山椒粉或七味唐辛子 適量
鹽、胡椒粉 各少許
沙拉油（煎肉用）適量

【照燒醬】

❼ 味醂 1大匙
❽ 醬油 3大匙
❾ 清酒 2大匙
❿ 細砂糖 2大匙

作法

1　青椒、山茼蒿、青紫蘇葉切粗末，備用。所有調味料攪拌均勻，成照燒醬備用。

2　雞絞肉與山藥泥、鹽、胡椒粉拌勻，再加入作法1切好的食材攪拌均勻。

3　手掌沾濕，將作法2的雞肉泥捏成圓球狀（約高爾夫球大小），做好的雞肉球直接放進平底鍋（雞肉球之間須留少許空間）。

4　開大火，沙拉油均勻倒在雞肉球間的空隙，待雞肉球邊緣轉白後轉小火，約1～2分鐘後翻面，再煎2分鐘。煎好將雞肉餅盛盤，備用。

5　以廚房紙巾將鍋內油擦乾，倒入作法1調好的照燒醬，以大火煮開後轉小火，放入煎好的雞餅；全部放入並轉大火，煮滾後翻面，續煮約1～2分鐘。

2

3-1

3-2

4-1

4-2

5

Tips　‧食材在料理前，應先從冰箱內取出，避免溫度太低，容易沾鍋。

蓮藕秋葵沙拉

滿布芝麻香氣的沙拉具多層次口感。

材料

黃秋葵 10～15支、鹽 少許
蓮藕 600g（2節）、沙拉油（炸物用） 適量

【拌醬】
白芝麻 3大匙、醬油 2～3大匙
糯米醋 2大匙、洋蔥末泥 2小匙
沙拉油 2大匙

作法

1 秋葵汆燙後切小塊備用。蓮藕切小塊，邊切邊泡醋水（醋水比100：1），5～10分鐘後瀝乾、擦乾水分。

2 鍋內倒沙拉油適量，待油溫適當，放進蓮藕炸至金黃撈起備用。

3 白芝麻磨碎與醬油、糯米醋、洋蔥末泥、沙拉油2大匙攪拌均勻，再和炸蓮藕及秋葵拌勻。

明太子豆腐

拌好的明太子也很適合搭配烏龍麵等主食，不妨一試。

材料

絹豆腐 1盒
水 4杯
明太子 2條
白蔥切末 2～3支
胡麻油（香油） 適量
白芝麻 適量

作法

1 絹豆腐泡水（去掉雜味），瀝水備用。

2 明太子從中間剖開，將魚卵取出，薄膜丟棄，加入白蔥末、香油、白芝麻拌勻，取適量放在豆腐上。

鮭魚昆布芽炊飯

鮭魚與昆布芽的組合香氣濃郁，很推薦試試看喔！

材料

米 3杯
鹽漬鮭魚片
（甘口或薄鹽口味） 2片
乾燥昆布芽（羊栖菜）
20～25g
山芹菜或四季豆（汆燙）
適量

【調味料】
清酒、味醂 各2大匙
醬油 1½大匙
日式高湯 適量（540ml）

作法

1 鍋內鋪烘焙紙，直接放上鮭魚片，以中大火將表面稍微煎熟，備用。昆布芽泡水10～15分鐘後瀝水備用。

2 提前1小時將米洗淨後泡水10分鐘，瀝乾，加進所有調味料，加日式高湯至電子鍋3杯米的刻度，表面鋪上昆布芽、放上鮭魚片，開始烹煮。

3 煮熟後將鮭魚片稍微切成大塊，拌勻後搭配山芹菜或四季豆享用。

21

炸肉餅・冬粉沙拉・大根豆皮飯

炸肉餅

以牛肉製作時，混合一些豬肉可使炸肉餅更為清爽。

炸肉餅是經典的日式洋食，
也是日本家庭裡常出現的一道菜，
簡單又好吃的滋味令人難以忘懷。

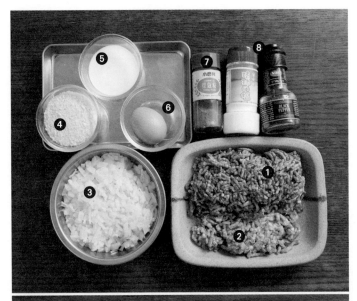

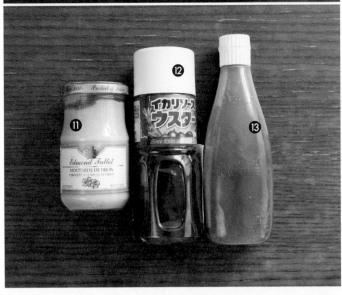

材料 　　　　約可做10～15個

❶ 牛細絞肉 300g
❷ 豬細絞肉 100g
❸ 洋蔥切末 400g
❹ 麵包粉 30g
❺ 牛奶 4大匙
❻ 全蛋 3個
❼ 荳蔻粉 少許
❽ 鹽、胡椒粉 各少許
❾ 低筋麵粉 適量
❿ 麵包粉 適量

沙拉油（炒料用） 適量
水、沙拉油 各2大匙

【沾醬】
⓫ 西洋黃芥末 適量
⓬ 日式烏醋 適量
⓭ 蕃茄醬 適量

作法

1 洋蔥切粗末，入平底鍋，加沙拉油適量拌炒至呈半透明，放涼備用。

2 麵包粉加牛奶拌勻成麵包糊，備用。蛋1個打勻，備用。

3 將牛、豬絞肉與洋蔥倒入鋼盆，加荳蔻粉、鹽、胡椒粉攪拌均勻，再加作法2的麵包糊、蛋液稍微攪拌，並以手抓拌至有點黏性的狀態。

4 取一容器打入蛋2個，加水、沙拉油2大匙，拌勻備用。低筋麵粉、麵包粉分別倒於平盤內，備用。

5 取約85g的作法3捏成球狀，依序沾滿作法4的低筋麵粉、蛋液、麵包粉；其餘絞肉依上述步驟製成肉餅，做好後放盤上，稍微放一小段時間再油炸。

6 熱油鍋，將做好的肉餅再次鋪上麵包粉，進油鍋，待1分鐘後翻面，每顆炸約4分鐘。炸好後瀝油。

7 沾醬攪拌均勻後即可搭配炸肉餅。

秋

175

3-1　3-2　3-3　3-4

5-1　5-2　5-3　5-4

5-5　6-1　6-2

Tips　· 因為肉餅很軟，作法5沾蛋液時需輕輕沾取；麵包粉則需注意沾勻。
　　　· 牛絞肉搭配一些豬絞肉嘗起來較清爽，牛豬比例3：1或1：1皆可。

冬粉沙拉

（咖哩口味）

讓沙拉裡的蛋皮吃起來蓬鬆、柔軟是有祕訣的喔！

材料

冬粉 50g
火腿 6～8片
銀芽 300g
小黃瓜 1條
全蛋 3個
鹽 少許
清酒 1小匙

【 調味料 】

糯米醋 4大匙
鹽 ½小匙
細砂糖 1大匙
淡口醬油 1小匙
咖哩粉 ½大匙
沙拉油 3大匙

作法

1 冬粉放入滾水，以筷子稍微攪拌，散開並呈半透明後即可撈起、瀝乾，放涼備用。

2 火腿、小黃瓜切細絲；銀芽汆燙過，瀝乾，備用。

3 全蛋打勻後加鹽、清酒，拌勻。平底鍋加沙拉油，熱鍋，倒適量蛋汁一片一片煎，煎完後將放涼的蛋皮相疊，切成細絲。

4 將冬粉、火腿絲、小黃瓜絲、銀芽、蛋皮絲放入容器內，淋上拌勻的調味料，攪拌均勻即可。

Tips · 作法 3 中在蛋液內加入清酒，能讓蛋皮吃起來蓬鬆、柔軟。

大根豆皮飯

將汆燙過的蘿蔔葉切絲撒在飯上享用也很合適。

材料

米 2杯
白蘿蔔 200g
油豆皮 1張
沙拉油 ½大匙
醬油、味醂 各1大匙

【調味料】
清酒、醬油 各1大匙
日式高湯 適量

作法

1 提前1小時將米洗淨，泡水10分鐘，瀝水備用。

2 白蘿蔔、油豆皮切丁（約1cm），備用。平底鍋倒沙拉油，以中大火拌炒白蘿蔔丁，再加醬油、味醂，炒至蘿蔔丁上色後即可。

3 作法1的米放入飯鍋，倒入清酒、醬油及日式高湯，再加進作法2的白蘿蔔丁湯汁至2杯米的刻度，攪拌均勻。

4 最後鋪上炒過的白蘿蔔丁、油豆皮，開始烹煮。煮好後攪拌均勻品嘗。

22

豆皮壽司・小芋頭丸子・野菜味噌漬

豆皮壽司

油豆皮拿來搭配湯烏龍麵也非常好吃喔！

❶【壽司飯】
米 3杯
清酒 1大匙
昆布（10cm） 1片
水 適量
（加至3杯米刻度的分量）

【壽司醋】
糯米醋 5大匙
細砂糖 3大匙
鹽 1小匙
昆布（5cm） 1片

· 拌料 ·

❷ 牛蒡 100g
紅蘿蔔 80g
日式高湯 400ml
淡口醬油、味醂 各2大匙

❸ 吻仔魚 50g
糯米醋 3～4大匙

❹ 白芝麻 1大匙

【豆皮&煮汁】
❺ 油豆皮（小）10～20片
❻ 水 300ml
❼ 清酒 200ml
❽ 細砂糖 90g
❾ 醬油 5大匙

作法

• 壽司飯製作 •

1 提前1小時將米洗淨，泡水10分鐘後瀝水，加清酒、水及昆布，入電子鍋烹煮。

2 將糯米醋、細砂糖、鹽、昆布入鍋煮開後，放涼（即成壽司醋）。

3 飯煮好後，分別取出飯及壽司醋裡的昆布，趁熱拌入壽司醋，以「切」的方式將壽司醋和白飯拌勻，蓋上一片溼布，待約20分鐘。

• 拌料製作 •

1 削皮後的牛蒡、紅蘿蔔切粗末，放入小鍋內，加日式高湯、淡口醬油、味醂，開中大火煮至乾，放涼備用。

2 吻仔魚加糯米醋，醃製1小時以上，備用。

・油豆皮製作・

1 長方形的油豆皮切半，先以筷子滾過豆皮表面。

2 取一鍋，先放入豆皮，再加水適量，開中大火煮至滾，讓豆皮去油。

3 將煮好的豆皮全部疊放進篩網，用比篩網小一些的蓋子輕壓在豆皮上瀝去水分，備用。

4 水300ml、清酒、細砂糖、醬油倒入鍋內，開中大火，邊煮邊攪拌，糖稍微融化後放進油豆皮，蓋上烘焙紙並用鍋蓋壓住。

5 煮滾後轉小火續煮15～20分鐘。煮好後關火，放涼入味。

・組合・

1 牛蒡、紅蘿蔔粗末及吻仔魚瀝乾，連同白芝麻拌入已降溫的醋飯內。

2 雙手沾濕，將拌好的醋飯捏成適當大小的圓球，以便塞入豆皮。

3 取出放涼的油豆皮，壓乾湯汁，小心地將開口打開，放進捏製好的飯球後，稍微整形即成。

Tips
・因為油豆皮的製程較長，通常會一次多做一些，沒用完的可冷凍保存。
・以筷子滾過豆皮是為了避免豆皮沾黏，不易開口。

炸過的芋泥球滋味鬆軟濃郁。

小芋頭丸子

小芋頭（削皮） 200g
太白粉 適量
山芹菜 適量
沙拉油（炸物用） 適量

【淋醬】
日式高湯 200ml
淡口醬油 1大匙
清酒、味醂 各1大匙
生薑切末 適量
太白粉 2小匙
日式高湯（或水） 1½大匙

作法

1 鍋內加適量水，放入削皮的小芋頭水煮，煮軟後撈起，搗成泥，捏製成4顆圓球，表面撒太白粉
   適量，備用。

2 取一鍋，倒入沙拉油，待油溫足夠時放入芋泥球，1分鐘後翻面，再炸1分鐘，待表面呈金黃色
   後即可撈起瀝油（大約4分鐘可完成1顆）。

3 日式高湯200ml、淡口醬油、清酒、味醂混勻後，連同生薑末一起倒入小鍋內以中大火煮開，煮
   滾後加太白粉2小匙、日式高湯1½大匙做勾芡，關火。

4 小芋頭放入小碗，淋上淋醬，山芹菜切小段，撒上點綴。

Tips　·因為芋泥球容易散開，單面各炸1分鐘定形後才可移動。

野菜味噌漬

加入水煮蛋、木棉豆腐等一起醃漬，能添增口感，嘗起來更好吃。

 材料

紅蘿蔔、小黃瓜、
白蘿蔔、西芹等 適量
無糖優酪乳 100ml
信州味噌 200g
細砂糖 2大匙
乾昆布（5cm）1片

作法

1 小黃瓜切塊，白蘿蔔、西芹削皮後切半，備用。紅蘿蔔切塊水煮3分鐘。

2 將無糖優酪乳、味噌攪拌均勻，倒入容器內加細砂糖、乾昆布，放進切好的蔬菜，醃半天即可食用。

Tips
· 此道料理也可使用「西京燒」的廚房紙巾醃漬法，作法請參考 p.154。
· 若放入冰箱內保存，發酵速度較慢，1 天後可食用。

23 蛋包飯・透抽醃漬沙拉・洋蔥奶油味噌湯

蛋包飯

這道料理是日本很常見的平民美食。

材料　飯可做5人份

❶ 米 2杯
❷ 雞腿肉切塊（去骨去皮）
　 約200g
❸ 洋蔥 ⅓個（切丁）
❹ 紅蘿蔔 ⅙條（切丁）
❺ 洋菇 ⅔包（切厚片）
❻ 大蒜切末 2～3粒
❼ 番茄泥（Tomato puree）
　 60g

❽ 鹽 ⅔大匙
❾ 黑胡椒粉 適量
橄欖油 3大匙
熱水 300ml

❿ 全蛋 3個
⓫ 鮮奶油 1大匙
⓬ 無鹽奶油 1大匙

【 淋醬 】
⓭ 番茄果汁（加鹽）
　 1罐（190g）
⓮ 炸豬排醬 75ml
⓯ 番茄醬 3大匙

作法

・飯&醬汁・ 約可做5人份

1 米洗淨後立刻瀝水，備用。雞腿肉切塊，洋蔥、紅蘿蔔切丁，洋菇切厚片，備用。

2 平底鍋內放大蒜末、橄欖油2大匙，開中大火炒至有香味後，加洋蔥稍微拌炒，再加雞腿肉、紅蘿蔔。

3 繼續炒至雞肉表面變白後加米、橄欖油1大匙，拌勻後加番茄泥，拌炒至米飯上色後加洋菇片，稍微拌勻，加熱水、鹽2/3大匙、黑胡椒粉適量，倒入飯鍋開始烹煮。

4 **淋醬製作：**所有材料攪拌均勻，倒入鍋內煮至滾，關火備用。

2-1　　　2-2　　　3-1　　　3-2

3-3　　　3-4　　　3-5　　　3-6

· 蛋包 · 約可做1人份

1 待飯煮好後，盛一碗飯備用。打蛋（去除臍帶），加鮮奶油攪拌均勻。

2 取一有點深度的平底鍋，開中大火，把無鹽奶油均勻抹於鍋面，倒入作法1的蛋液，轉中火，將筷子張開，於鍋面畫圈，拌攪成半熟蛋後關火。

3 將作法1的飯倒進蛋包中間，鍋子慢慢左右翻動，將多出來的蛋包蓋在飯上，最後倒蓋在盤中，以廚房紙巾整形，淋上醬汁。

Tips · 炒飯時必須加入熱水，若加冷水會使原本鍋內的溫度下降，造成烹煮時間拉長。

透抽醃漬沙拉

清爽的醃汁與鮮嫩的透抽達到美妙的平衡。

材料

洋蔥 ¼個
西芹 1支
紅蘿蔔 少許（約3cm）
透抽 1條
小黃瓜 1條

【醃汁】
黃檸檬汁 4大匙
細砂糖 1大匙
鹽 少許
西洋黃芥末 2小匙
橄欖油 4大匙

作法

1 **醃汁製作：**醃汁材料攪拌均勻，備用。

2 洋蔥切成薄片，泡水，2～3分鐘後換水，瀝乾。西芹切絲，泡水；紅蘿蔔切絲。上述材料放進醃汁，備用

3 透抽切約1cm，放入滾水後關火，撈起（半熟即可），瀝水後泡入醃汁中，放置1小時以上。

4 吃之前將小黃瓜切絲，放入醃汁中和其他食材攪拌後即可享用。

Tips · 也可將黃檸檬汁換成糯米醋，西洋黃芥末換成日式黃芥末，嘗起來會更有日式風味！

洋蔥奶油味噌湯

可撒上巴西利碎裝飾搭配。

材料

洋蔥 3個（約600g）
沙拉油（炒料用） 2大匙
無鹽奶油 2大匙
大蒜切末 2粒
水 約800ml
味噌 70g

作法

1 洋蔥切薄片，與沙拉油、無鹽奶油、大蒜末一同以中火拌炒，炒約30分鐘。

2 加水，煮滾後轉小火，續煮15分鐘，最後加入味噌。

Tips ・加入味噌後，如果覺得味道不夠可再酌量增加。

Chapter 4

冬

24

關東煮・飯糰・小黃瓜醬油漬

關東煮

可隨個人喜好自行變換食材及分量。

各地區製作關東煮的方法不同，
食材也可以任意更換，在冬天時非常受歡迎。
關東煮直到明治維新初期才開始流行於東京，
透過留存下來的老店可看到飲食風格的轉變。

材料

【高湯】

A 蔬菜昆布湯：
洋蔥 ½個
高麗菜（中） ¼個（約300g）
紅蘿蔔（中） 1條
乾昆布（10×10cm） 1片
水 10杯（2000ml）

B 日式高湯：
柴魚昆布湯 10杯（2000ml）

C 調味料：
❶ 酒 200ml
❷ 醬油 3大匙
❸ 細砂糖 2大匙
❹ 味醂 100ml
❺ 淡口醬油 100ml

【食材】
白蘿蔔 2～3條
馬鈴薯（中） 4～6個
蒟蒻 1～2張
油豆腐 4～6塊
牛蒡條 4～6條
德國香腸 4～6條
竹輪 4～6條
福袋（油豆皮包麻糬）、
水煮蛋、各種甜不辣 適量

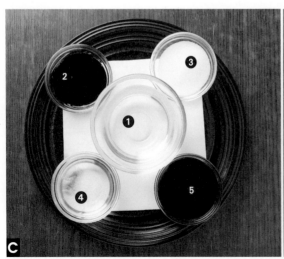

【沾醬】

Ⓐ 芥末味噌：

黃芥末 ½小匙

白味噌 1大匙

日式高湯 2大匙

全部混合攪勻即可。

Ⓑ 田樂味噌：

赤味噌 60g

日式高湯 3大匙

味醂和細砂糖 各2大匙

攪拌後開火煮至有光澤即

可，食用時可搭配適量白

芝麻。

Ⓒ 蔥（切末）＋柚子胡椒：

攪拌後使用，適合搭配肉

類品嘗。

Ⓓ 昆布絲＋七味粉

Ⓔ 奶油

（※沾醬分量可依個人喜

好增減）

作法

1 蔬菜昆布湯製作：將材料**A**放入鍋內，以大火煮開後，轉小火續煮30分鐘，備用。

2 白蘿蔔削皮、切片（約3～4cm），單面劃刀，放入洗米水煮30分鐘，去除苦味；馬鈴薯削皮後泡水，備用。

3 蒟蒻切適當大小，開大火水煮，水滾後轉小火續煮2～3分鐘，瀝乾，自然放涼；其他如油豆腐、德國香腸等炸過或真空包裝的食材，皆以熱水稍微洗過，去除異味。

4 砂鍋鍋底鋪一片高湯用過的昆布（避免食材黏鍋燒焦），擺入處理好的食材。

5 將作法1煮好的蔬菜昆布湯取500ml與材料**B**、攪拌過的材料**C**混合均勻後，倒入砂鍋至八分滿，開大火，蓋上鍋蓋悶煮；煮滾後，轉小火續煮45分鐘。

Tips

· 剩餘的蔬菜昆布湯可做其他利用，例如煮麵、味噌湯。湯底的蔬菜也可做其他料理變化。

· 蔬菜單面劃刀，燉煮時較易入味；蘿蔔和洗米水一同煮過可去除苦味，若無洗米水，可取水適量加米1大匙。

· 作法5的關東煮高湯為2個砂鍋的量，但因燉煮時湯會隨時間減少，此時可再適量加入高湯。

飯糰

掌握捏製的手勢及力道就能做出完美的三角形飯糰。

白飯 適量
鹽 少許
鮭魚鬆、日本梅子、明太子、柴魚＋醬油＋起司等（內餡隨個人喜好）
燒海苔 適量

作法

1 雙手以水沾濕，撒上少許鹽，避免捏製飯糰時沾黏。

2 取一只小碗，放入適量白飯（勿壓太密），中心戳一小洞，加進喜歡的內餡，將碗倒扣於手掌，把內餡包起來做成球狀，開始捏製飯糰。

3 飯糰捏製成三角形後，可裁取適當大小的海苔，貼黏包裹住即完成。

烤飯糰

1. **醬油塗醬**：取適量醬油、味醂，以2：1比例混合，備用。

2. **味噌塗醬**：味噌40g加清酒3大匙、味醂1大匙，混合均勻，備用。

3. 捏好的飯糰放入平底鍋內，兩面乾煎，避免米粒若先塗好醬後吸水散開。

4. 完成後塗醬，於烤箱內稍微烤過即成。

Tips ·因烤飯糰的兩面塗醬已有鹹度，建議選口味較單純的飯糰製作。

小黃瓜醬油漬

浸泡三至四天後是最美味的時刻。

材料

小黃瓜 5～6條
水 1L
鹽 1大匙

【醃汁】
醬油 100ml
味醂 50ml
米醋 2大匙
細砂糖 1大匙
生薑切絲 少許
去籽紅乾辣椒 1支

作法

1 **醃汁製作**：將醃汁的材料放入小鍋中，以大火煮開後，備用。

2 小黃瓜切一口大小（約1.5～2cm），備用。

3 另取一鍋，加水以大火煮開，水滾後轉小火，加鹽、小黃瓜煮1分鐘。

4 小黃瓜撈起、瀝乾，放進可儲存的容器內，淋上作法1的醃汁，用保鮮膜蓋起，1小時後可享用。

Tips
· 作法 4 淋上醃汁時，會發現上層的小黃瓜未被浸泡，但沒關係，因瓜類會出水，待一段時間後即可。
· 放冰箱可保存約 7 ～ 10 天。

25

豬肉蔬菜味噌湯・鮭魚芝麻餅
百合根炊飯・白蘿蔔蓮藕沙拉

豬肉蔬菜味噌湯

在冬天裡喝熱湯最舒服了！

材料

A

① 新鮮香菇 3～4朵
② 白蘿蔔 200g
③ 蒟蒻 1張
④ 牛蒡 ½支
⑤ 紅蘿蔔 100g
⑥ 青蔥（中段，綠白交接處）2～3支
⑦ 乾昆布（10cm）1片
沙拉油（炒料用）1大匙
水 約2000ml
青蔥碎 適量

B

⑧ 豬肉塊（梅花肉）400g
⑨ 小芋頭（削皮）4～5個
⑩ 信州味噌 100g
⑪ 七味唐辛子 適量

作法

1 蒟蒻切成一口大小，開大火水煮，水滾後轉小火續煮2～3分鐘，瀝乾後自然放涼，備用。

2 豬肉、香菇、小芋頭切成一口大小；紅、白蘿蔔、牛蒡亦切成一口大小（厚度約0.5cm）。

3 鍋內加油，倒入蒟蒻、香菇、紅白蘿蔔、牛蒡稍微翻炒，加入青蔥段、昆布片、水，加蓋並以大火煮滾，滾後轉小火煮10分鐘。

4 待白蘿蔔邊緣呈半透明時，先加入信州味噌50g、豬肉塊煮15分鐘，再加入小芋頭以中小火續煮15分鐘。

5 最後加入剩下的味噌，煮勻後即完成（味噌量可依個人口味增減）。品嘗時可撒青蔥碎、七味唐辛子再享用。

鮭魚芝麻餅

芝麻和鮭魚的組合很美味喔！

鮮鮭魚 500g
蔥白切末 3～4支
沙拉油（煎炒用）少許
信州味噌 2大匙（40g）
太白粉 1大匙
黑、白芝麻（熟）
各5大匙

作法

1 鮮鮭魚用刀稍微剁碎，備用。

2 蔥末先以少許油炒過增添甜味，放涼備用。

3 作法1和作法2加入味噌、太白粉攪拌均勻，並捏成10～12個球狀（約乒乓球大小）。

4 捏好的鮭魚餅兩面沾上黑、白芝麻，平底鍋加少許油，將鮭魚餅直接煎烤至上色（一面約2分鐘）。

百合根炊飯

百合根不僅可以增加口感，也有豐富的營養成分。

材料

米 3杯
百合根（大）1朵
昆布水 適量
鹽 1½小匙
紫蘇鹽 適量

作法

1 提前1小時將米洗淨後泡水，10分鐘後瀝乾水，備用。

2 百合根一片片剝開洗淨，削掉表面變色、受損的部分，備用。

3 作法1瀝乾的米加入適量的昆布水（乾昆布加水）、鹽，處理好的百合根平鋪在米上，放入電子鍋開始煮（若為電鍋，一杯米約加180ml的水）。

4 飯煮好後，將鋪在上頭的百合根拌開，加適量紫蘇鹽提味、增色。

白蘿蔔蓮藕沙拉

這款沙拉吃起來很清爽脆口呢！

材料

白蘿蔔 500g
飲用水 1L
鹽 1大匙
乾昆布片（10cm）1片
蓮藕 200g
水 適量
醋 少許

【沙拉醬】

美乃滋 5大匙
白芝麻醬 3大匙
日式黃芥末 1小匙
淡口醬油 1大匙

作法

1 白蘿蔔切薄片（約0.2cm厚，1×3cm大），放入容器中，加飲用水1L、鹽、昆布片，浸泡約20分鐘。

2 蓮藕削皮後切薄片（同白蘿蔔的大小），加水適量、醋少許，浸泡約5～10分鐘後，換水，直接煮開後關火、瀝乾水，稍微放涼。

3 將放涼後的蓮藕倒入作法1的白蘿蔔水中，浸泡約10分鐘，瀝乾備用。

4 沙拉醬的材料拌勻後，與瀝乾的蔬菜混合均勻即可享用。

26

筑前煮・揚出豆腐・醋味噌拌菜

筑前煮

原為福岡縣的鄉土料理，後晉升成日本的家庭料理。

材料

1. 牛蒡 1支
2. 乾香菇 5朵＋水 500ml
3. 紅蘿蔔 1條
4. 竹筍 1～2個
5. 蓮藕（小） 1節
6. 蒟蒻 1張
7. 豌豆莢 10～15片
8. 去骨雞腿肉 300～400g
9. 醬油、清酒、細砂糖、日式高湯、味醂 各2大匙
   沙拉油（炒料用） 1大匙

【煮汁】
10. 日式高湯 約200ml
11. 泡開香菇的水 300ml
12. 細砂糖 1大匙
13. 淡口醬油 1大匙

（由上至下排列）

作法

1. 牛蒡削皮泡水5～10分鐘，瀝水，香菇瀝乾（香菇水留用），皆切成一口大小；紅蘿蔔、竹筍、蓮藕、蒟蒻切一口大小水煮處理，備用。

2. 雞腿肉切塊（一片可切3～4塊），備用。

3. 取一鍋，加醬油、清酒、細砂糖、日式高湯、味醂，以中大火煮開；煮滾後加入雞肉塊，待雞肉表面轉白後先關火，備用。

4. 另取一鍋，開中大火，加沙拉油，放入香菇、牛蒡、紅蘿蔔、竹筍、蓮藕、蒟蒻稍微拌炒均勻，倒入日式高湯、泡開香菇的水，煮滾後蓋上烘焙紙，轉小火煮20分鐘。

5. 掀開烘焙紙，倒入作法**3**的雞肉（連同湯汁），再加細砂糖、淡口醬油，蓋回烘焙紙續煮10分鐘。最後攪拌一下即可。

冬

213

3-1

3-2

4-1

4-2

4-3

4-4

5-1

5-2

Tips
- 此料理很適合搭配白飯、味噌湯享用。
- 作法 4 的日式高湯及香菇水分量可視實際情況增加。
- 作法 5 加入雞肉後可稍微將浮沫撈除。

揚出豆腐

炸豆腐時最初的 1 分鐘避免移動，否則食材容易破散。

材料

木棉豆腐 1盒
（約350～400g）
低筋麵粉 60g
水 4～5大匙
柴魚片 15～20g
沙拉油（炸物用）適量

【沾醬】

日式高湯 300ml
醬油、味醂 各3大匙
生薑抹泥 適量

作法

1 木棉豆腐對切，約4～6塊；靜置一小段時間，出水後，將水倒掉。

2 低筋麵粉加水，混合均勻，備用。

3 豆腐表面擦乾，先沾取適量低筋麵粉（額外的）後，沾作法2的麵粉糊，最後沾上柴魚片。

4 熱油，待油溫至適當溫度後，放入豆腐；待1分鐘後，才可將豆腐翻面，表面酥脆時撈起。

5 沾醬製作：日式高湯、醬油、味醂倒入鍋內，煮滾後即可淋至豆腐上，搭配生薑抹泥食用。

Tips ·炸油的用量高度超過豆腐一半即可。

醋味噌拌菜

甜甜鹹鹹的拌菜
令人食慾大增。

材料

蘆筍、甜豆、竹筍、
魚板、海鮮類等 適量

【醋味噌】
白味噌（西京味噌） 150g
米醋 3大匙
細砂糖、淡口醬油 各1大匙
黃芥末 1小匙
檸檬汁 少許

作法

1 蘆筍、甜豆、竹筍等拌菜切成適當大小，燙熟後放涼。

2 將醋味噌的所有材料攪拌均勻，加進作法1的食材拌勻。

27

漢堡排・馬鈴薯牛奶煮物・玉米濃湯

漢堡排

若覺得醬汁味道不夠，可適量加入黑胡椒。

218

漢堡排是日本的國民美食之一，
也是日本媽媽在家裡
經常製作的料理，
許多餐廳亦會將其精緻化提供。

冬

219

A

❶ 牛細絞肉（或牛豬混合）
　400g
❷ 全蛋 1個
❸ 荳蔻粉、鹽、黑胡椒粉
　各適量

❹ 麵包粉 ½杯
❺ 牛奶 100ml
❻ 洋蔥（中）1個
❻ 無鹽奶油 1大匙
　沙拉油（煎肉用） 適量
　紅蘿蔔、青菜等（配菜） 適量

【醬汁】

❼ 番茄汁（加鹽）1罐（190g）
❽ 炸豬排醬 5大匙
❾ 番茄醬 2大匙
❿ 細砂糖 1大匙
⓫ 醬油 1小匙

作法

1. **奶油洋蔥末**：洋蔥切末，以無鹽奶油拌炒至熟，備用。

2. 將材料**A**與作法**1**的奶油洋蔥末稍微攪拌後，再加入預先拌勻的麵包粉和牛奶，直接用手拌至稍微有點黏糊狀。

3. 於容器內直接以手分成4等份，依序取出整形成圓球狀，左右手用投接球的方式拍打肉團，將空氣拍出，最後再整形成橢圓球狀。

4. 完成的肉排放在平底鍋上（肉排間需留有空隙），空隙間倒入沙拉油，使其均勻分布，開中大火，煎煮至漢堡肉排底下變色、稍微膨起後才可翻面。

5. 翻面後加水2～3大匙，轉小火，蓋鍋蓋悶5～6分鐘。

6. **醬汁製作**：所有材料攪拌均勻，倒入鍋內煮至滾，關火備用。

7. 漢堡排完成後，淋上作法**6**的醬汁，搭配紅蘿蔔、青菜等配菜食用。

2-1　2-2　3-1　3-2

3-3　4-1　4-2　4-3

4-4　5

Tips
· 製作漢堡肉時，因絞肉裡含有很多空氣，雙手必須以近距離投接球的方式拍打肉排，將空氣打出，煎煮時才不容易裂開。
· 煎煮漢堡排時，盡量不要翻太多次面，否則肉排容易裂開。

馬鈴薯牛奶煮物

若燉煮時有剩餘醬汁，
拿來拌義大利麵也非常美味喔！

材料

馬鈴薯 500g（約3個）
綠花椰菜 1棵
鯷魚（小罐150g）1罐
大蒜切末 1大匙
鮮奶油 200ml
牛奶 150ml
黑胡椒粉 適量

作法

1 馬鈴薯削皮，切0.7cm厚度，泡水；鍋內倒水適量，放馬鈴薯塊煮至滾後，續煮10分鐘，備用。
　綠花椰菜洗過切成適當大小，汆燙至熟，備用。

2 鯷魚切小段，放進平底鍋內，以中大火和大蒜末一同炒香，再放進馬鈴薯、花椰菜、鮮奶油和
　牛奶，燉煮約5分鐘，最後撒上適量黑胡椒粉。

玉米濃湯

大人小孩都愛的玉米濃湯，作法其實很簡單喔！

材料

洋蔥切絲 ¼個
無鹽奶油 1大匙
玉米粒 3條
雞湯 300ml
牛奶 200ml
鹽 適量
鮮奶油 適量

作法

1 洋蔥絲以無鹽奶油稍微拌炒至透明，再加入玉米粒，炒至奶油均勻後倒入雞湯，煮約15分鐘。

2 煮好後，用調理機打成泥狀，以篩網過濾、去掉玉米外皮，再與牛奶、鹽一同煮滾。煮好後淋上一圈鮮奶油即可。

> **Tips** · 雞湯作法：鍋內倒水適量，放入洗淨的雞翅，以中大火煮開後轉小火，慢煮約 1 小時，若有浮沫需撈除；
> 或者也可使用一般家裡煮的雞湯喔。

28
和風一口牛排・青菜胡麻醬涼拌菜
茶巾豆腐

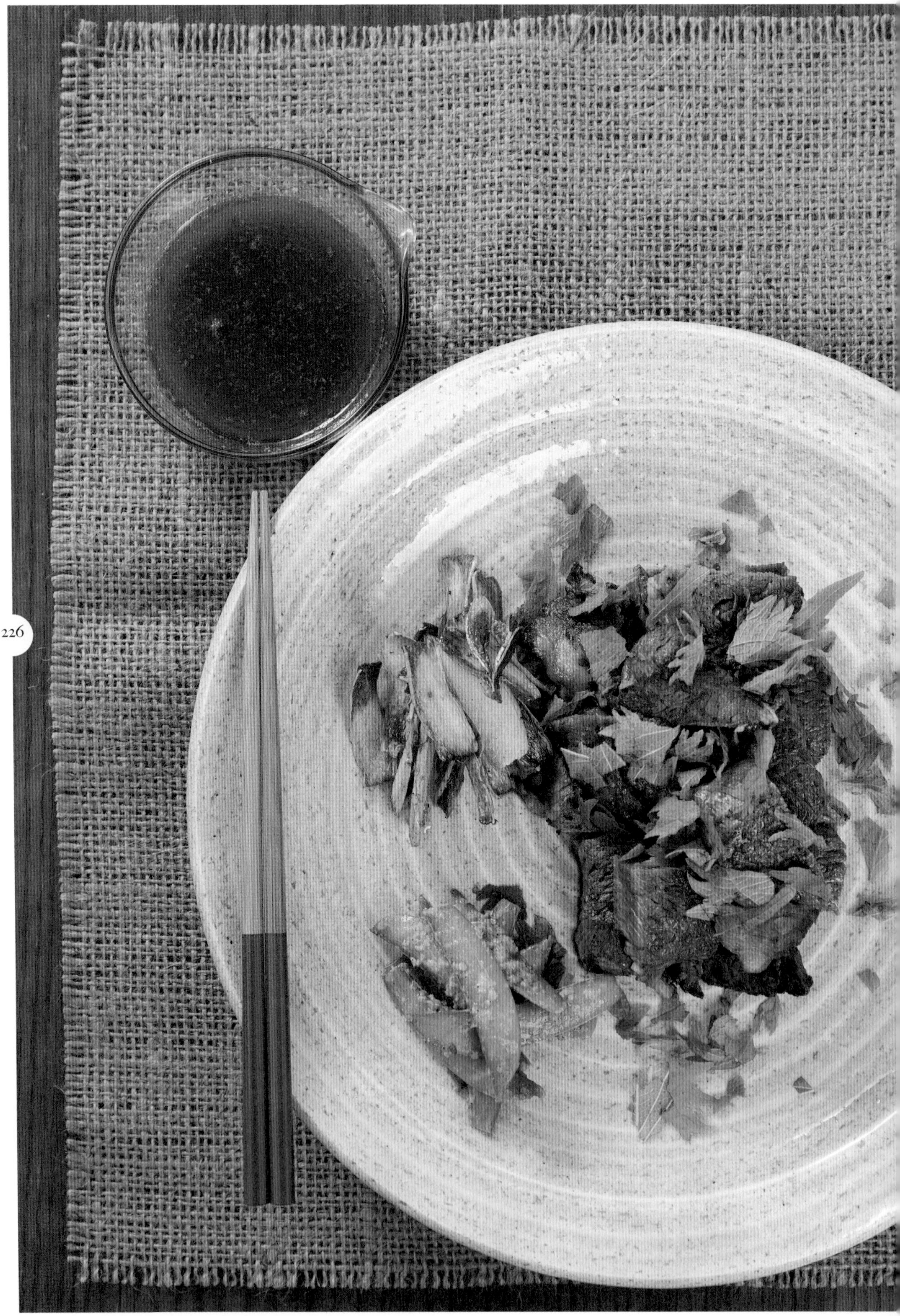

和風一口牛排

搭配紫蘇葉不僅增色，吃起來也較清新不膩口。

材料

1. 生薑切薄片 10片
2. 牛肉排 1片
   （約200～300g）
3. 鹽 適量
4. 胡椒粉 適量
5. 紫蘇葉 10片

沙拉油（煎炒用） 1大匙

【 醬汁 】

6. 醬油 2大匙
7. 清酒 2大匙
8. 味醂 1大匙
9. 無鹽奶油 2大匙

作法

1. 沙拉油倒入平底鍋，以中大火熱油，加生薑片，炒至香氣出來。

2. 牛排單面撒鹽、胡椒粉，撒鹽面朝下放入平底鍋（此時薑片需移至鍋邊），再撒上鹽、胡椒粉，煎烤約90秒。

3. 先將薑片取出，把牛排放在鋁箔紙中包起，以餘溫將其熱熟。

4. 取廚房紙巾將鍋內⅔的油擦除，醬油、清酒、味醂倒入鍋內，再放入奶油使其融化成醬汁。

5. 牛排取出，切成一口大小，撒上撕碎的青紫蘇葉，搭配薑片、醬汁。

青菜胡麻醬涼拌菜

胡麻的醬香與蔬菜的脆甜滋味融合，很推薦試試看喔！

材料

青菜（四季豆、甜豆、蘆
筍等）300g

【拌醬】
白芝麻 50g
細砂糖、醬油 各2大匙

作法

1 白芝麻磨碎，加細砂糖、醬油後繼續磨至均勻，即成拌醬，備用。

2 將青菜類汆燙，泡冷水，撈起瀝乾後與拌醬拌勻即可。

茶巾豆腐

豐富的佐料與豆腐結合成美妙的口感滋味。

材料

木棉豆腐 約300g
毛豆仁 20粒、紅甜椒 ¼個
鴻喜菇 ½包、山藥 2cm
雞細絞肉 100g、全蛋 1個
太白粉 2大匙、鹽 少許
生薑抹泥 適量

【淋醬】
太白粉 2大匙
水（或日式高湯）5大匙
日式高湯 600ml
淡口醬油 3大匙
味醂 3大匙、鹽 少許

作法

1 木棉豆腐以重物靜壓至出水，待約30分鐘。毛豆仁以熱水汆燙，紅甜椒、鴻喜菇切粗末，山藥磨泥，備用。

2 木棉豆腐搗碎，和雞細絞肉混拌均勻，再加蛋、太白粉、鹽和作法1的山藥泥拌勻。

3 取一小碗，鋪一張適當大小的保鮮膜，包入約60g的作法2，綁好，備用。

4 鍋內裝適量水，放進包好的木棉豆腐，以大火煮開，煮滾後轉小火，煮10分鐘。

5 淋醬製作：太白粉和水拌勻備用。將日式高湯、淡口醬油、味醂、鹽以中大火煮開，再加進混好的太白粉水勾芡。

6 木棉豆腐煮好後拆開保鮮膜，淋上淋醬，搭配生薑抹泥。

3-1

3-2

6

29

親子丼・馬鈴薯煮物・蘿蔔乾拌菜

親子丼

掌握時機就能將雞肉和雞蛋煮出滑嫩口感喔!

材料

可做2～3人份

- ❶ 去骨雞腿肉 150～200g
- ❷ 山芹菜 適量
- ❸ 全蛋 3個
- ❹ 洋蔥 ½個

白飯 適量

【醃汁】

- ❺ 清酒 1小匙
- ❻ 細砂糖 ½小匙
- ❼ 醬油 1小匙

【煮汁】

- ❽ 日式高湯 100ml
- ❾ 淡口醬油 2大匙
- ❿ 味醂 1大匙
- ⓫ 清酒 1大匙
- ⓬ 細砂糖 1大匙

作法

1. 雞腿肉切一口大小，以所有醃汁材料稍微拌勻醃製，備用。全蛋拌勻，備用。

2. 洋蔥切片，放入平底鍋以鍋鏟拌開，倒入所有煮汁材料，開中大火，煮滾後（鍋緣冒泡），放進作法1的雞肉塊（不可重疊）。

3. 雞肉邊緣轉白後翻面，轉小火續煮至雞肉表面全白鼓起。

4. 此時先準備白飯，把煮好的白飯裝進容器內，備用。

5. 雞肉煮熟後，½的蛋液倒進鍋子中心，待蛋白變白後，將剩下的蛋液倒在邊緣一圈，關火，山芹菜切小段（約2cm)撒上，蓋上蓋子，10秒後盛到熱飯上即完成。

2-1

2-2

3

5-1

5-2

5-3

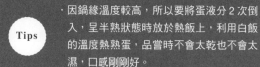

Tips

·因鍋緣溫度較高，所以要將蛋液分2次倒入，呈半熟狀態時放於熱飯上，利用白飯的溫度熱熟蛋，品嘗時不會太乾也不會太濕，口感剛剛好。

馬鈴薯煮物

鬆軟的馬鈴薯與絞肉搭配
清新綿密。

材料

馬鈴薯 約500g
雞或豬細絞肉 150g
四季豆（汆燙）適量
日式高湯 400ml
太白粉 1大匙
日式高湯（或水）2大匙

【調味料】
細砂糖 1大匙
清酒 3大匙
味醂、淡口醬油 各2大匙

作法

1 馬鈴薯削皮後對切，泡水。

2 鍋內加日式高湯400ml，放進馬鈴薯，開中大火，煮滾後轉小火續煮20分鐘。

3 所有調味料拌勻，放進絞肉後再次攪拌至絞肉均勻散開。

4 延續作法**2**，在鍋內加進作法**3**調味好的絞肉，續煮約10分鐘（煮至馬鈴薯鬆軟即可）。

5 加進太白粉、日式高湯勾芡，稍微用湯匙攪動一下、避免弄碎馬鈴薯，完成後搭配四季豆享用。

蘿蔔乾拌菜

這道料理吃起來清爽脆口，滋味宜人。

材料

日式蘿蔔乾 10cm
小黃瓜 1條
生薑 3cm
青紫蘇葉 5片
白芝麻 1大匙

【調味料】
清酒 1小匙
淡口醬油 少許

作法

1 蘿蔔乾、小黃瓜、生薑切細絲；紫蘇葉切絲，備用。

2 將蘿蔔乾、小黃瓜、生薑與調味料拌勻，最後加上紫蘇葉、白芝麻。

30

高麗菜卷・野菜柚子胡椒涼拌
花椰菜濃湯・蝦仁奶油炊飯

高麗菜卷（番茄口味）

日本家庭料理的代表菜色之一，每個家庭都有自己獨有的味道。

高麗菜卷選用豬絞肉和牛絞肉混合，
增添香氣與口感，
加上番茄醬一起烹調，
滋味溫和細膩，讓人想起媽媽的味道。

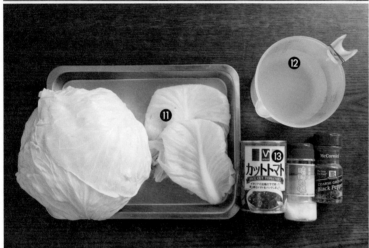

材料

1. 牛奶 100ml
2. 全蛋 1個
3. 麵包粉 1杯
4. 洋蔥 ½個
5. 鮮香菇 3朵
6. 牛細絞肉 400g
7. 豬細絞肉 200g
8. 鹽 少許
9. 胡椒粉 少許
10. 荳蔻粉 少許
11. 高麗菜葉 12片
12. 雞湯 600ml
13. 水煮番茄（罐頭） 400g

鹽、胡椒粉 各少許

作法

1. 高麗菜的底部梗芯外圍處劃刀，利用流動的水將菜葉取下（避免菜葉破損）。取下的菜葉以滾水汆燙，重疊放涼。

2. 全蛋打勻。麵包粉、牛奶拌勻，備用。

3. 洋蔥、鮮香菇切末，與牛、豬細絞肉拌勻，再加入鹽、胡椒粉、荳蔻粉、作法2的材料，攪拌均勻後，分成約12顆絞肉球。

4. 將高麗菜葉的硬梗削除，自底部放一顆絞肉球，向外捲起成條狀；捲好後接口處朝上，將兩側葉緣3cm處切除（切掉的菜葉保留），以食指把菜卷兩側往內塞。依序完成剩餘11個菜卷。

5. 取一個有點深度的鍋，菜卷接口處朝下，依序重疊放入鍋內，有空隙處用切掉的菜葉填滿。

6. 依序倒入雞湯、番茄罐頭，以大火煮開後轉小火，鋪上一張烘焙紙，壓上比鍋子小一圈的蓋子，避免食材移動，煮至少30分鐘。最後加鹽、胡椒粉調味。

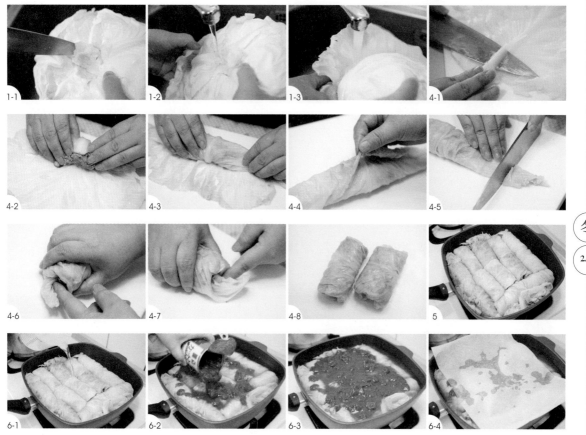

・若沒有要馬上吃，可先放涼，要吃之前再煮 20 分鐘使之入味。
・也可將牛絞肉替換成雞絞肉，以日式高湯和赤味噌慢煮，又是另一種風味。

野菜柚子胡椒涼拌

可自由選擇當季蔬菜涼拌，簡單搭配清爽的拌醬就很美味。

材料

綠櫛瓜（小）1條
綠竹筍（小）1塊

【拌醬】
柚子胡椒 1大匙
橄欖油 4大匙

作法

1 綠櫛瓜切薄片（0.2cm），稍微汆燙後沖冷水，放涼備用。

2 綠竹筍入鍋煮至熟，沖冷水剝殼，表面粗澀的部分以刀子削除，用洗米水煮30分鐘，放涼後切薄片，備用。

3 柚子胡椒、橄欖油調勻成拌醬，與櫛瓜片、筍片攪拌均勻。

242

花椰菜濃湯

牛奶的分量可自己拿捏喔！

材料

花椰菜 200g
馬鈴薯 150g
洋蔥 150g
無鹽奶油 2大匙
水 500ml
牛奶 250ml
鹽 少許
小茴香或胡椒粉 少許
橄欖油 少許

作法

1 花椰菜、馬鈴薯、洋蔥以奶油拌炒到奶油融化，加水，煮至軟；食材煮軟後關火，放涼。

2 倒入果汁機，攪拌成泥後再倒入鍋，加牛奶，拌勻加熱，撒少許鹽調味。

3 盛碗後搭配小茴香或胡椒粉，淋上少許橄欖油。

蝦仁奶油炊飯

溫和的奶油香為冬天帶來一絲暖意。

材料

洋蔥 ½個
洋菇 1盒
蝦仁 250～300g
無鹽奶油 2大匙
白葡萄酒（或清酒） 50ml
米 3杯
熱雞湯 600ml
鹽 1大匙
胡椒粉 少許
巴西里 適量

作法

1　洋蔥切成粗末、洋菇切片（不要太薄），備用。

2　取一平底鍋，加入蝦仁、無鹽奶油1大匙、白葡萄酒，加蓋，開中大火悶煮；待蝦仁轉紅後取出，與煮汁分開保留，備用。米洗淨瀝乾，備用。

3　洋蔥末以無鹽奶油1大匙再炒過，加瀝乾的米，米粒拌炒至半透明時加入洋菇，稍微拌炒，倒入飯鍋，加入作法**2**的煮汁50ml、熱雞湯、鹽、胡椒粉，拌勻後開始煮。

4　煮好後加蝦仁拌勻，撒上巴西里碎即可。

Tips　・因為蝦仁煮過後會縮小，可等飯煮好後，再放進悶一下並攪拌。

料・理・食・譜

|惠子老師の|
日本家庭料理

作　　者	大原惠子
攝　　影	楊志雄
編　　輯	鄭婷尹、程郁庭
美術設計	何仙玲

發 行 人	程安琪
總 策 畫	程顯灝
總 編 輯	呂增娣
主　　編	李瓊絲、鍾若琦
編　　輯	鄭婷尹、陳思穎、李雯倩
美術總監	潘大智
美　　編	侯心苹、閻虹
行銷總監	呂增慧
行銷企劃	謝儀方、吳孟蓉

發 行 部	侯莉莉
財 務 部	許麗娟
印　　務	許丁財
出 版 者	橘子文化事業有限公司

總 代 理	三友圖書有限公司
地　　址	106台北市安和路2段213號4樓
電　　話	(02) 2377-4155
傳　　真	(02) 2377-4355
E - m a i l	service@sanyau.com.tw
郵政劃撥	05844889 三友圖書有限公司

總 經 銷	大和書報圖書股份有限公司
地　　址	新北市新莊區五工五路2號
電　　話	(02) 8990-2588
傳　　真	(02) 2299-7900

製版印刷	鴻嘉彩藝印刷股份有限公司
初　　版	2015年10月
定　　價	新臺幣450元

I S B N　978-986-364-073-8(平裝)

http://www.ju-zi.com.tw

三友圖書
友直 友諒 友多聞

國家圖書館出版品預行編目 (CIP) 資料

惠子老師的日本家庭料理：100道日本家庭餐
桌上的溫暖好味 / 大原惠子著. -- 初版. -- 臺北
市：橘子文化, 2015.10
　面；　公分
ISBN 978-986-364-073-8(平裝)
1.食譜 2.日本
427.131　　　　　　　　　　　　104017900